U0804300

全国高职高专建筑类专业规划教材
1+X 装配式建筑构件制作与安装职业技能等级证书考试培训教材
活页式新形态教材

装配式建筑施工技术

主　编　徐燕丽　欧阳和平
副主编　杨　博　甘政锋　雷　刚
　　　　范海峥　廖俊文　王小倩
　　　　陈　霞　聂鹤松
主　审　池　寅

黄河水利出版社
·郑州·

内 容 提 要

本书是全国高职高专建筑类专业规划教材、1+X 装配式建筑构件制作与安装职业技能等级证书考试培训教材，是根据教育部对高等职业教育的教学基本要求及相关行业课程标准编写完成的。本书共分为 4 个学习情境，分别介绍了装配式建筑施工图识读、装配式混凝土构件生产、装配式建筑构件吊装施工、装配式建筑质量验收等内容。本书采用活页形式，融入了党的二十大精神等思政内容，并植入二维码链接了大量的视频、案例等数字资源，方便读者随扫随学。

本书可作为高职院校智能建造、建筑工程技术、工程造价等专业的教学用书，也可供预制构件厂、建筑施工从业人员学习参考，还可作为 1+X 装配式建筑构件制作与安装职业技能等级证书考试培训用书。

图书在版编目(CIP)数据

装配式建筑施工技术/徐燕丽，欧阳和平主编. —郑州：黄河水利出版社，2024. 5
全国高职高专建筑类专业规划教材
ISBN 978-7-5509-3885-4

Ⅰ. ①装… Ⅱ. ①徐… ②欧… Ⅲ. ①装配式构件-建筑施工-高等职业教育-教材 Ⅳ. ①TU3

中国国家版本馆 CIP 数据核字(2024)第 104038 号

出版顾问：王路平 电话：13623813888 E-mail：hhslwlp@163. com
组稿编辑：田丽萍 0371-66025553 912810592@qq. com

责任编辑：王燕燕 责任校对：韩莹莹 封面设计：张心怡 责任监制：常红昕
出版发行：黄河水利出版社
地址：河南省郑州市顺河路 49 号 邮政编码：450003
网址：www. yrcp. com E-mail：hhslcbs@126. com
发行部电话：0371-66020550、66028024
承印单位：河南匠心印刷有限公司
开本：787 mm×1 092 mm 1/16
印张：11
字数：258 千字 印数：1—2 100
版次：2024 年 5 月第 1 版 印次：2024 年 5 月第 1 次印刷

定价：48.00 元

前　言

本书是根据《中共中央关于认真学习宣传贯彻党的二十大精神的决定》，中共中央办公厅、国务院办公厅《关于推动现代职业教育高质量发展的意见》，国务院《国家职业教育改革实施方案》《国务院办公厅关于大力发展装配式建筑的指导意见》，教育部《职业院校教材管理办法》《高等学校课程思政建设指导纲要》等文件精神，遵循产教融合、工学结合、校企"双元"合作编写的全国高职高专建筑类专业规划教材。教材突出现代职业教育理念，以学生能力培养为主线，体现出实用性、实践性、创新性的教材特色，是理论联系实际、教学面向生产的高职教育精品规划教材。

"装配式建筑施工技术"是土木工程专业、建筑工程技术专业、工程造价专业和智能建造专业的必修课程，对培养学生的职业能力和职业素养有重要作用。本书根据现行的《装配式混凝土结构技术规程》(JGJ 1—2014)、《装配式混凝土建筑技术标准》(GB/T 51231—2016)和其他有关规范、标准、标准图集，采用活页形式，校企合作编写。编写时，编者按照教育部发布的高等职业教育土木建筑大类土建施工类专业教学标准，融入行业新方法、新技术、新工艺，依托编者团队主持的省级教改研究课题《基于校企"双元"合作活页式教材开发的研究与实践》项目，在深入行业企业一线调研，精心总结大量实际工程案例的基础上，充分考虑职业教育特点，尽可能以最新的研究数据、最新的设计理念、最新的规范和技术标准为蓝本，密切结合"1+X"证书制度改革，融入与所取证书密切相关的知识，使教材内容新颖、实用且符合行业发展的要求，做到"岗、课、证"相融通。

在高等职业院校高素质技术技能人才培养过程中，以教师、教材、教法为核心的"三教"改革是教育教学改革的核心，活页式教材的开发和教学资源的建设是教学改革的有效形式和载体，对培养高素质的技术技能人才起着重要的促进作用。本书内容结构打破原有学科知识编排的"章节"逻辑，以职业能力为核心构建源自实际工作过程的学习任务活页，教师通过活页式教材创设的学习情境布置任务，基于学习者完成任务的过程展开教学，将综合职业能力的培养落实在行动导向教学中，让学习者在完成任务的情境中"做中学"，从而实现综合职业能力的培养。本书分为 4 个学习情境，分别介绍了装配式建筑施工图识读、装配式混凝土构件生产、装配式建筑构件吊装施工、装配式建筑质量验收等内容。每个学习情境包含：学习情境描述、学习目标、任务书、任务分组、工作准备、思政导引、工作实施、评价反馈及学习情境的相关知识点。中建三局科创产业发展有限公司提供了丰富的数字资源，包括现场生产和施工图片、视频及案例等。

本书以习近平新时代中国特色社会主义思想为指引，坚持正确政治方向和价值导向，全面贯彻落实党的二十大精神、立德树人根本任务，紧密对接国家发展重大战略需求，更好服务于创新人才培养。每个学习情境的思政内涵与专业知识的交相辉映体现出中华优秀文化的传承，也体现了工匠精神、家国情怀以及大国担当，引导学习者勇担当、作贡献，做奋发有为的新时代青年，努力为实现中华民族强国伟业，为推动人类文明进步、共同创造人类更加美好的未来作出应有的贡献。

本书编写单位及编写人员如下：湖北水利水电职业技术学院徐燕丽、丁志胜，湖南水利水电职业技术学院欧阳和平、廖俊文，中国一冶集团有限公司杨博，广西交通职业技术学院甘政锋，湖北轻工职业技术学院雷刚，福建水利电力职业技术学院范海峥，河南水利与环境职业学院王小倩，四川水利职业技术学院陈霞，湖北省城乡建设发展中心聂鹤松，襄阳职业技术学院程林，湖北国土资源职业学院江汉华，中建三局科创产业发展有限公司项旺保。本书由徐燕丽、欧阳和平担任主编，由杨博、甘政锋、雷刚、范海峥、廖俊文、王小倩、陈霞、聂鹤松担任副主编，由武汉大学池寅教授担任主审。

本书在编写过程中得到了湖北省城乡建设发展中心、中建三局科创产业发展有限公司、武汉大学、华中科技大学、武汉理工大学、广联达科技股份有限公司的大力协助，参考了大量的文献资料，在此谨向以上单位和原著作者表示诚挚的感谢！同时也特别感谢湖北水利水电职业技术学院黄泽钧、叶继强、张天俊、余丹丹、薛艳、余燕君、胡晓敏、周雨微和欧阳钦等有关领导和专家的大力支持。

本书在编写中引用了大量的规范、文献和资料，恕未在书中一一注明。在此，对有关作者表示诚挚的谢意！

本书的编写基于编者在高等职业教育长期教学中的经验积累，并听取了相关行业专家的建议，但由于编者水平有限，书中难免有不妥和不足之处，恳请广大读者给予批评指正，并将问题或建议发送到 81648618@ qq. com，我们将及时修订。

编　者

2024 年 2 月

本书互联网全部资源

目 录

模块一 导 言

模块二 学习任务

模块一　导　言

1　课程性质描述

“装配式建筑施工技术”是一门基于工作过程开发出来的学习领域课程，是土木工程专业、建筑工程技术专业、工程造价专业和智能建造专业的职业核心课程。

适用专业：土木工程、建筑工程技术、工程造价、智能建造。

开设时间：第四学期。

建议课时：48 学时。

2　典型工作任务描述

预制钢筋混凝土构件的生产和安装是装配式混凝土建筑建设的重要环节，预制构件生产厂管理人员按照施工图纸进行构件分解和深化设计，计算材料用量，组织构件生产，在生产过程中进行质量控制，在规定工期内完成符合设计和国家有关质量验收标准的预制构件；预制构件生产出来后运输到施工现场进行安装施工，施工员按照工程进度要求，制定施工方案，组织施工，控制成本，在施工全过程进行质量检查，并在规定工期内完成符合国家有关质量验收标准的施工任务，同时在整个施工过程中严格按照规定进行文明和安全施工。

3　课程学习目标

通过本课程的学习，学生应该能够掌握以下内容：

(1)正确识读装配式混凝土建筑施工图纸；

(2)对施工图纸进行深化设计或根据深化设计图纸进行构件生产材料的计算；

(3)制定预制构件生产方案；

(4)进行预制构件生产材料进场检验、试验，填写验收记录；

(5)在预制构件生产中进行工期、质量、成本、安全、文明施工管理；

(6)预制构件生产完成后进行质量检验，对合格产品进行编号，出具产品合格证和说明书；

(7)进行预制构件进场检验、试验抽检，填写检验、试验记录；

(8)能够正确处理不合格的预制构件；

(9)制定符合工期要求的预制构件安装施工方案；

(10)进行预制构件安装放线;

(11)选择合理的支撑方式,完成支撑方案的设计和计算,在施工过程中进行质量控制、检验和安全管理,做好工作记录;

(12)对预制构件进行安装施工,对施工过程进行质量控制、检验和评定,做好工作记录;

(13)按照验收规范对构件安装质量及子分部工程施工质量进行验收;

(14)正确处理施工过程中出现的质量问题;

(15)养成团队协作、认真负责的工匠精神,创新性地提出解决问题的方法。

4 学习组织形式与方法

针对学生群体和教师群体分别进行描述,针对学生群体的建议如下:

亲爱的同学:

你好!欢迎你学习“装配式建筑施工技术”课程!

与你过去使用的传统教材相比,这是一种全新的学习材料,它能帮助你更好地了解未来的工作及其要求。通过这本活页式教材,你将学习如何完成装配式建筑工程施工领域中重要的、典型的工作,本课程能够促进你的综合职业能力发展,使你有可能在短时间内成为装配式建筑工程施工领域的技术能手!

在正式开始学习之前,请你仔细阅读以下内容,了解即将开始的全新教学模式,做好相应的学习准备。

1. 主动学习

在学习过程中,你将获得与以往完全不同的学习体验,你会发现它与传统课堂以讲授为主的教学有着本质的区别——你是学习的主体,自主学习将成为本课程的主旋律。工作能力只有靠你自己亲自实践才能获得,而不能靠教师的知识传授与技能指导。在工作过程中获取的知识最为牢固,而教师在你学习和工作过程中只能对你进行方法的指导,为你的学习与工作提供帮助。比如说,教师可以教你如何识读装配式建筑施工图纸,如何组织预制构件的生产和安装,如何使用装配式建筑标准图集和技术规程,如何进行施工材料的进场质量验收,如何进行产品出厂质量检验和进场验收,如何进行构件安装质量控制等。但在学习中,这些都是外因,你的主动学习与工作才是内因,外因只能通过内因起作用。想成为装配式建筑施工领域的技术能手,你必须主动、积极、亲自去完成从图纸到成品直至质量验收整个施工过程,通过完成工作任务来学习。主动学习将伴随你的职业生涯,它可以使你快速适应新工艺、新技术。

2. 用好工作活页

首先,你要深刻理解学习情境的每一个学习目标,利用这些目标指导自己的学习并评价自己的学习效果;其次,你要明确学习内容的结构,在引导问题的帮助下,尽量独自去学习并完成包括填写工作活页内容等整个学习任务;同时你可以在教师和同学的帮助下,通过查阅《装配式混凝土结构技术规程》(JGJ 1—2014)、《装配式混凝土建筑技术标准》(GB/T 51231—2016)、《装配式混凝土结构表示方法及示例(剪力墙结构)》

(15G107-1)、《装配式混凝土结构连接节点构造(2015年合订本)》(G310-1~2)等资料，学习如何识图，学习一些重要的工作过程知识；再次，你应当积极参与小组讨论，去尝试解决复杂和综合性的问题，进行工作质量的自检和小组互检，并注意操作规范和安全要求，在多种技术实践活动中形成自己的技术思维方式；最后，在完成一个工作任务后，你应反思是否有更好的方法或者更少的时间来完成工作目标。

3. 团队协作

课程的每个学习情境都是一个完整的工作过程，大部分的工作需要团队协作才能完成，教师会帮助大家划分学习小组，但要求各小组成员在组长的带领下，制订可行的学习与工作计划，并能合理安排学习与工作时间，分工协作、互相帮助、互相学习，广泛开展交流，大胆发表观点和见解，按时、保质、保量地完成任务。你是小组中的一员，你的参与和努力是团队完成任务的重要保证。

4. 把握好学习过程和学习资源

学习过程是由学习准备、计划与实施和评价反馈所组成的完整过程。你要养成理论与实践紧密结合的习惯，教师引导、同学交流、学习中的观察与独立思考、动手操作和评价反思都是专业技术学习的重要环节。

学习资源可以参阅每个学习任务结束后所列的相关知识点。此外，你也可以通过图书馆、互联网等途径获得更多的专业技术信息，这将为你的学习与工作提供更多的帮助和技术支持，拓展你的学习视野。

你在职业院校的核心任务是在学习中学会工作，这是通过在工作中学会学习来实现的。学会学习和学会工作是我们对你的期待。同时，也希望把你的学习感受反馈给我们，以便我们能更好地为你提供教学服务。

预祝你学习取得成功，早日成为装配式建筑领域的技术能手！

针对教师群体的学习组织形式和方法建议如下：

尊敬的老师：

您好！感谢您选择《装配式建筑施工技术》这本活页式教材！

《装配式建筑施工技术》是针对建筑工程技术和智能建造专业职业典型工作任务和学习领域开发的活页式教材，是一本强调学生主动学习和有效学习的新教材。它的特点是在学习与工作一体化的情景下，引领学生完成“预制构件的生产和验收、预制构件的安装施工与验收”这一职业典型工作任务，经历完整的学习与工作过程，在培养专业能力的同时，促进其关键能力和综合素质的提高，从而发展学生的综合职业能力。

为对您的教学有所帮助，在教学实施过程中，有如下建议：

1. 教师作用与有效教学

本课程的实施有以下要求：在教学组织与实施方面，需要您去组建教学团队，构建和改善教学环境，以实现工作过程系统化的教学；在指导学生的学习时，请您尽量改善学生的学习环境，为学生提供学习资源，充分调动学生的主动性，让学生在小组合作与交流的氛围中，尽可能通过亲自实践来学习，并加强学习过程的质量控制。您的耐心指导和有效管理将使学生的学习更加有效。

2. 学习目标与学业评价

学习目标反映学生完成学习任务后预期达到的能力和水平,包括专业能力与关键能力,既有针对本学习任务的过程和结果的质量要求,也有对今后完成类似工作任务的要求。每个学习目标都要落实到具体的教学活动中,对学生的学业评价要在学习过程中体现,您可以通过学生的自评、小组同学的互评及您的检查与评价来实现对学生学业的综合评价。

3. 学习内容与活动设计

本课程的学习内容是一体化的学习任务。在教学时,您可以根据当前的实际情况自行设计或者从企业引进真实的工程图纸作为教学的载体。重要的是要建立任务完成与知识学习之间的内在联系,将完成工作任务的整个过程分解为一系列可以让学生独立学习和工作的相对完整的教学活动,这些活动可以依据实际教学情况来设计。在实施时,要充分相信学生并充分发挥学生的主体作用,与他们共同进行活动过程的质量控制。

4. 教学方法与组织形式

本课程倡导行动导向的教学,通过问题的引导,促进学生进行主动的思考和学习。请您根据学习情境所需的工作要求,组建学生学习小组,让学生在合作中共同完成工作任务。分组时请注意兼顾学生的学习能力、性格和态度等个体差异,以自愿为原则。

5. 其他建议

本活页式教材的教学须在工学结合一体化的真实环境或仿真环境中完成。建议您在教学过程中,加强对教学环境的管理,强调必须按照操作规程安全文明施工,做好安全与健康防范预案。

预祝这本活页式教材使您的教学更为有效!

5 学习情境设计

表 0-1 学习情境设计表

序号	学习任务	载体	学习任务简介	学时
1	原材料进场验收	叠合板生产施工	依据施工图纸及其他工程资料,对装配式建筑施工图纸进行识读;计算出制作叠合板所需要的材料;对进场的原材料进行质量检验并填写验收记录	8
2	叠合板生产施工	叠合板生产施工	依据施工图纸计算所需的材料,编制叠合板生产施工方案;组织叠合板生产施工;对叠合板生产过程和成品进行验收并填写验收记录	12
3	预制构件进场验收	预制外剪力墙施工	依据外剪力墙施工图纸和图集,对装配式建筑施工图纸进行识读;根据构件进场验收规范规定对预制外剪力墙进行进场验收并填写验收记录	8

续表 0-1

序号	学习任务	载体	学习任务简介	学时
4	预制外剪力墙施工	预制外剪力墙施工	根据工程实际情况制定外剪力墙施工方案;依据施工图纸进行施工放线,画出施工外剪力墙的轴线、边线和20 cm控制线以及标高控制线;对外剪力墙进行吊装、对孔、固定、灌浆施工;控制每一个施工步骤的质量,最后进行质量检验并填写验收记录	12
5	主体竣工验收	预制外剪力墙施工	根据工程实际情况制定主体竣工验收方案,按照质量验收规范对装配式建筑主体结构施工质量及子分部工程施工质量进行验收,并对出现的质量问题进行处理,填写验收记录	6
6	思政培养	构件生产、构件安装	在构件生产和安装过程中,能协调好各成员之间的关系,依靠团队合作共同完成任务;在规定的方法外用创新性的思维解决问题	2

6 学业评价

表 0-2 学业评价表

学号	姓名	学习情境一		学习情境二		学习情境三		学习情境四		总评
		分值	比例(15%)	分值	比例(30%)	分值	比例(30%)	分值	比例(25%)	

模块二 学习任务

学习情境1 装配式建筑施工图识读

1.1 学习情境描述

按照《装配式混凝土结构表示方法及示例(剪力墙结构)》(15G107-1)、《预制混凝土剪力墙外墙板》(15G365-1)、《预制混凝土剪力墙内墙板》(15G365-2)、《桁架钢筋混凝土叠合板(60 mm厚底板)》(15G366-1)、《预制钢筋混凝土板式楼梯》(15G367-1)、《预制钢筋混凝土阳台板、空调板及女儿墙》(15G368-1)、《装配式混凝土结构连接节点构造(2015年合订本)》(G310-1~2)等图集内容,对装配式建筑预制剪力墙平面图、剪力墙表、后浇段表、预制底板平面布置图、预制底板表、现浇层配筋图、水平后浇带或圈梁平面布置图、水平后浇带或圈梁表、预制楼梯平面布置图、预制楼梯剖面图、预制楼梯表、阳台板平面布置图、阳台板构件表、女儿墙平面布置图、女儿墙构件表进行识读。

1.2 学习目标

(1)能够识读装配式建筑施工图的常用图例。

(2)掌握预制构件及后浇带代号表示方法。

(3)能正确识读预制剪力墙平面布置图、水平后浇带平面布置图、叠合板平面布置图、预制楼梯平面布置图、预制阳台板或空调板平面布置图、预制女儿墙平面布置图。

(4)能正确识读预制剪力墙表、后浇带表、预制底板表、接缝表、预制楼梯表、预制阳台表、预制女儿墙表。

1.3 任务书

对一栋装配式剪力墙结构建筑施工图进行识读。

1.4 任务分组

填写学生任务分配表(见表1-1)。

表 1-1 学生任务分配表

班级		组号		指导老师	
组长		学号			
组员	姓名	学号	姓名	学号	
任务分工					

1.5 工作准备

(1)阅读任务书,收集下列图集:

《装配式混凝土结构表示方法及示例(剪力墙结构)》(15G107-1);

《预制混凝土剪力墙外墙板》(15G365-1);

《预制混凝土剪力墙内墙板》(15G365-2);

《桁架钢筋混凝土叠合板(60 mm 厚底板)》(15G366-1);

《预制钢筋混凝土板式楼梯》(15G367-1);

《预制钢筋混凝土阳台板、空调板及女儿墙》(15G368-1);

《装配式混凝土结构连接节点构造(2015 年合订本)》(G310-1~2)。

(2)认真阅读图纸和图集中有关图纸部分的内容。

(3)查阅有关装配式建筑的规范规程。

1.6 思政导引

故宫——装配式建筑的传世佳作

北京故宫博物院拥有世界上规模最大、保存最完整的木结构古建筑群。紫禁城距今已有 600 多年历史,经历了大大小小 200 多场地震,但依然保存完好,其中到底有什么秘密?

其中的秘密,就在于榫卯结构。这个精妙的结构,不用一颗钉子、一滴黏合剂,只靠各部分建筑的咬合,就可以牢牢地组合在一起。科学合理的斗栱撑梁榫卯连接结构,能很好地传导和释放瞬间多余的外力,起到良好的抗震作用。榫卯是中国古建筑、家具及其他器械的主要结构方式,是在两个构件上采用凹凸部位相结合的一种连接方式。凸出部分叫榫,凹进部分叫卯。工匠们将木头通过复杂的榫卯连接起来,梁木层层叠加,互相平衡,形成悬臂。这种结构不仅异常牢固,可以承受非常大的荷载,支撑起整个屋顶,还具有很强的灵活性。这种刚柔并济的特性,使得紫禁城能够经受强震,数百年仍坚强地屹立着。

紫禁城的榫卯结构,就采用了装配组装的方式。我们总认为装配式建筑源于西方,却不知道在我国的古代建筑中早已蕴藏了其智慧与精髓,只是所使用的材料不同。随着建筑产业现代化的发展,越来越多的建筑采用钢筋混凝土结构或者钢结构。榫卯结构跟如今国家大力推广的预制装配式建筑有异曲同工之妙。古代有智慧木匠建造浩然紫禁城,现代有预制装配式建筑领域,泱泱大国的建筑行业,未来可期。

习近平总书记在党的二十大报告中指出:"中华优秀传统文化源远流长、博大精深,是中华文明的智慧结晶,其中蕴含的天下为公、民为邦本、为政以德、革故鼎新、任人唯贤、天人合一、自强不息、厚德载物、讲信修睦、亲仁善邻等,是中国人民在长期生产生活中积累的宇宙观、天下观、社会观、道德观的重要体现,同科学社会主义价值观主张具有高度契合性。"

"艰难方显勇毅,磨砺始得玉成。"在实现中华民族伟大复兴的征程上,我们必须坚定历史自信、文化自信,坚持守正创新,大力弘扬劳模精神、劳动精神、工匠精神,以实际行动铸就社会主义文化新辉煌。

1.7 工作实施

(1)装配式建筑施工图图例和预制构件及后浇段代号表示方法。

引导问题 1:装配式建筑施工图中,现浇混凝土构件、预制混凝土构件和后浇段分别采用什么图例表示。

____

____

____

____

引导问题 2:装配式建筑施工图中,预制外墙板、预制内墙板、预制叠合梁、预制叠合楼面板、预制外墙模板、预制剪刀楼梯、边缘构件后浇段、叠合板底板接缝、叠合板底板密拼接缝的代号分别是什么?

____

____

____

____

(2)预制剪力墙的识读方法。

引导问题 3:在绘制预制剪力墙平面布置图时,应该包含哪些内容?

____

____

____

____

引导问题 4：指出在平面图 1-1 中，哪些构件是预制构件，哪些是现浇构件，哪些是后浇构件。

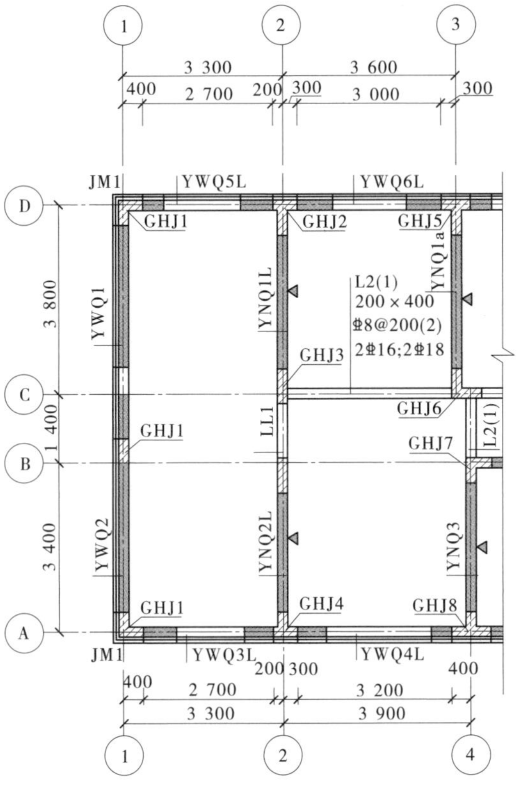

图 1-1　8.300~55.900 m 标高剪力墙平面布置图　（单位：mm）

引导问题 5：结合图 1-1，说明该剪力墙平面布置图图示内容有哪些。

引导问题 6：表 1-2 预制墙板表中，内叶墙板编号 WQC1-3328-1514、内墙板编号 NQ-2428 表示什么意思？

表 1-2　预制墙板表

平面图中编号	内叶墙板/内墙板/mm	外叶墙板/mm	管线预埋	所在层号	所在轴号	墙厚(内叶墙)	构件质量/t	数量	构件详图页码(图号)
YWQ3L	WQC1-3328-1514	WY-1 $a=190$ $b=20$	低区 $X=450$ 高区 $X=280$	4~20	1~2/A	200	3.4	17	15G365-1:60、61
YWQ5L	WQC1-3328-1514	WY-2 $a=20$ $b=190$ $c_L=c_R=590$ $d_L=d_R=80$	低区 $X=450$ 高区 $X=280$	4~20	1~2/D	200	3.9	17	15G365-1:60、61
YNQ2L	NQ-2428	—	低区 $X=450$ 中区 $X=750$	4~20	A~B/2	200	3.2	17	15G365-2:14、15
YNQ3	—	—	见大样图(略)	4~20	A~B/4	200	3.5	17	结施-04 (本图略)
YNQ1a	NQ-2728	—	低区 $X=150$ 高区 $X=750$	4~20	C~D/3	200	3.6	17	15G365-2:16、17

引导问题 7:查询标准图集,计算出表 1-2 中 YWQ3L 的外叶墙板的净宽和净高。

引导问题 8:结合标准图集和表 1-2,低区高度取 300 mm,高区高度取 2 000 mm,画出预制外墙板 YWQ3L 中预埋管线的位置并标注尺寸。

引导问题 9:按照剪力墙所在轴号表示方法,写出图 1-1 中构件 YWQ3L 和 YNQ3 所在轴号。

引导问题 10：识读图 1-1 和表 1-3 中 GHJ4，说出该后浇段起止标高及纵向钢筋和箍筋配置。

表 1-3　后浇段表

截面 (单位：mm)	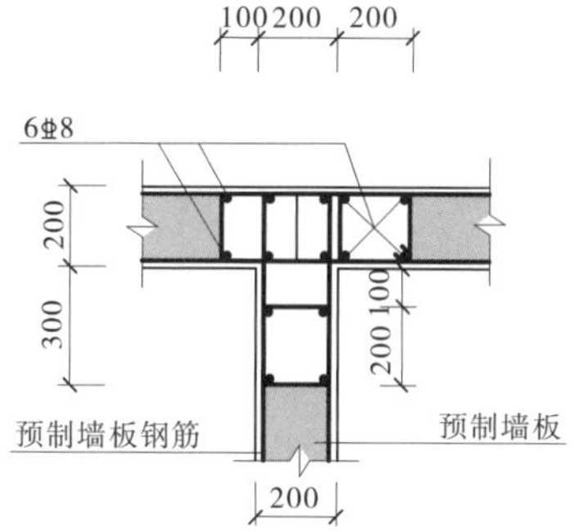
编号	GHJ4
标高	8. 300～58. 800 m
纵筋	8 Φ 12+6 Φ 8
箍筋	Φ 8@ 200

(3)叠合板的识读方法。

引导问题 11：如图 1-2 所示的叠合板预制底板平面布置图中，1～2 轴/A～D 轴之间的 DLB1 由几个预制板组成？预制板的编号是什么？

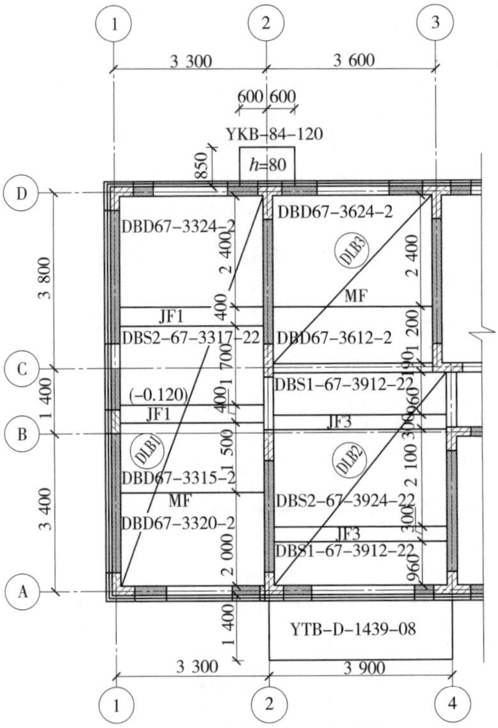

(a)底板平面布置图

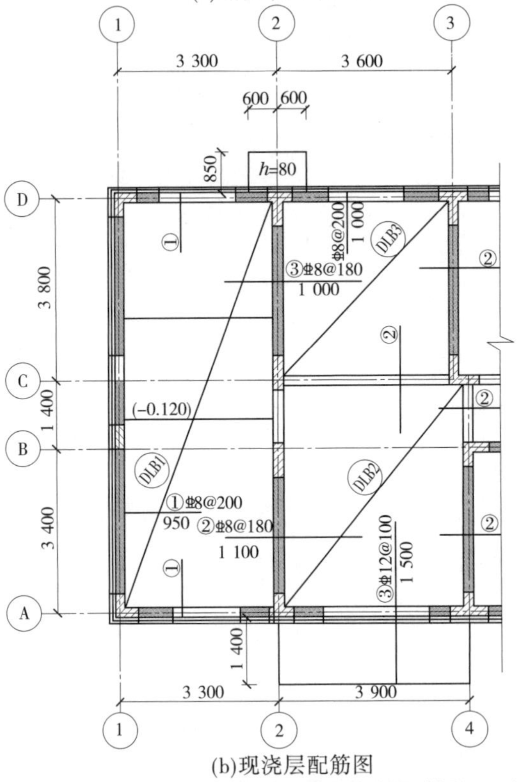

(b)现浇层配筋图

图 1-2　5.500~55.900 m 标高结构平面布置及板配筋图　(单位:mm)

引导问题 12：图 1-2(a)底板平面布置图中，编号 DBD67-3324-2、DBS2-67-3317-22 是什么意思？

引导问题 13：图 1-2(a)楼面结构标高为 5.500，则预制底板 DBD67-3324-2、DBS2-67-3317-22 的板底标高分别是多少？

引导问题 14：图 1-2 中 DLB1 预制底板之间有哪几种接缝，接缝的宽度分别是多少？

引导问题 15：根据叠合板标准图集和表 1-4，画出 MF 的接缝配筋设计图。

表 1-4 接缝表

平面图中编号	所在楼层	节点详图页码(图号)
MF	3~21	15G310-1:28，B6-1；A_{sd} 为 ⌽ 8@200，附加通长构造钢筋为 ⌽ 6@200
JF2	3~21	15G310-1:20，B1-2；A_{sa} 为 3 ⌽ 8@150

引导问题 16:根据标准图集和表 1-5,画出预制底板 DBD67-3320-2 的配筋图。

表 1-5　叠合板预制底板表

叠合板编号	选用构件编号	所在楼层	构件质量/t	数量	构件详图页码（图号）
DLB1	DBD67-3320-2	3~21	0.93	19	15G366-1:65
	DBD67-3315-2	3~21	0.7	19	15G366-1:63
	DBS2-67-3317-22	3~21	0.87	19	结施-35(本图略)
	DBD67-3324-2	3~21	1.23	19	15G366-1:66

(4)预制楼梯表示方法。

引导问题 17:预制楼梯施工图包括标准层绘制的__________、__________、预制梯段板的连接节点、__________等内容。

引导问题 18:如图 1-3 预制楼梯平面布置图中,ST-28-24 是什么意思?并说出在预制楼梯平面布置图中应该表示哪些内容。

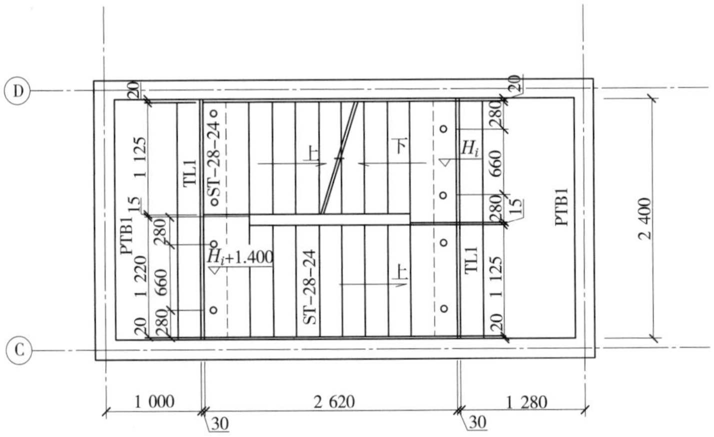

图 1-3　预制楼梯平面布置图　(单位:mm)

引导问题 19：根据图 1-4，说出该预制楼梯梯段两端与梯梁采用的是什么连接方式。

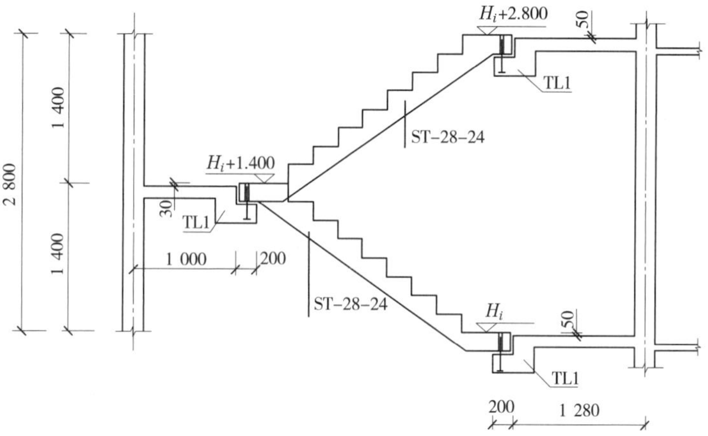

图 1-4　预制楼梯剖面图　（单位：尺寸，mm；标高，m）

（5）预制钢筋混凝土阳台板、空调板及女儿墙表示方法。

引导问题 20：说明符号 YTB-D-1024-08、KTB-84-130、NEQ-J1-3614 的含义。

引导问题 21：根据表 1-6，查阅标准图集，画出 YNEQ5 的内叶板和外叶板的表面形状并标注尺寸。

表 1-6　预制女儿墙表

平面图中编号	选用构件	外叶墙板调整/mm	所在层号	所在轴号	墙厚(内叶墙)/mm	构件质量/t	数量	构件详图页码(图号)
YNEQ5	NEQ-J1-3914	$a=190$ $b=230$	屋面 1	2~3/C	160	2.90	1	15G368-1：D04、D05

1.8　学习情境的相关知识点

知识点 1：装配式混凝土建筑工程图制图规则

码 1-1　图片：装配式建筑相关图集

装配式建筑工程施工图设计与传统的建筑工程施工图设计流程相比，除在平面、立面、剖面准确表达预制构件的应用范围、构件编号及位置、安装节点等要求外，还应包括典型预制构件图、配件标准化设计与选型、预制构件性能设计等内容。施工图设计深度必须满足后续预制构件深化设计的要求。

与传统的建筑工程施工图不同的是，还有一个预制构件施工图深化设计阶段，包括平立面安装布置图、典型构件安装节点详图、预制构件安装构造详图及各专业设计预留预埋件定位图。

1. 建筑施工图制图规则

(1)在没有出台新的国家标准前，执行原国家标准《房屋建筑制图统一标准》(GB/T 50001—2017)。

(2)2015 年，国家出台了第一批建筑产业现代化国家建筑标准设计图集，补充了新的图例符号和索引方法(见图 1-5)。

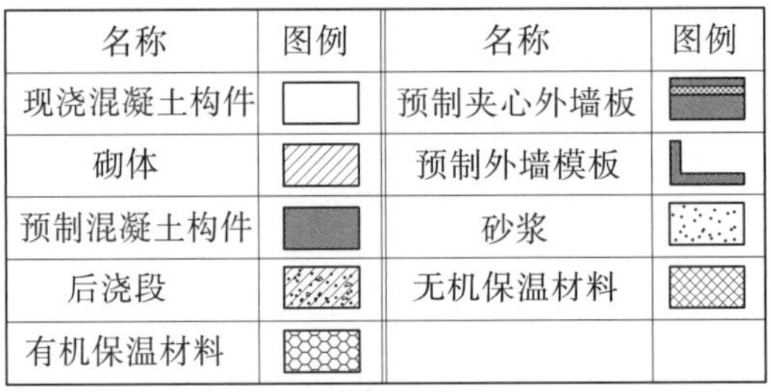

图 1-5　装配式混凝土建筑施工图图例

2. 结构施工图制图规则

(1)各类构件在施工图中所需表达的内容见表 1-7。

(2)梁、板、柱仍执行原平法制图标准。

(3)对预制构件及与预制构件相关的构件编号规则作了统一规定。

(4)统一了图例符号的表达方式。

(5)预制构件及后浇构件按表 1-8 中代号表示。

表 1-7 各类构件在施工图中表达内容一览表

构件名称	施工图表达的内容	主要注写要求
墙板	平面布置图	标注未居中的墙板定位,注写墙板编号、墙板上预留洞定位、后浇段尺寸及定位、预制内墙板装配方向
	预制墙板表	注写墙板编号、位置信息、管线预埋信息、构件质量及数量、构件详图页码,外墙板应注写外叶板参数;选用标准图集时应注明对应的标准构件编号
	后浇段表	注写后浇段编号、后浇段起始标高、配筋信息
叠合板	预制底板布置图	注写叠合板编号、预制底板编号、各块预制底板尺寸和定位、板缝位置
	预制底板表	注写叠合板编号、板块内预制底板编号、所在楼层、构件数量和质量、构件详图页码,以及构件设计补充内容(线盒、预留洞位置)
	现浇层配筋图	同现浇混凝土结构
	水平后浇带或圈梁布置图	标注水平后浇带或圈梁分布位置及编号
	水平后浇带或圈梁表	标注水平后浇带或圈梁编号、所在平面位置、所在楼层及配筋等
楼梯	平面布置图	标注楼梯间的平面尺寸、楼层结构标高、楼梯的上下方向、预制梯板的平面尺寸、梯板类型及编号、定位尺寸等;剪刀楼梯还需标注防火墙的定位尺寸及编号
	剖面图	标注预制楼梯编号、梯梁梯柱编号、预制梯板水平及竖向尺寸、楼梯结构标高、层间结构标高、建筑楼面做法及厚度等
	预制楼梯表	标注构件编号、所在层号、构件质量、构件数量、构件详图页码、连接索引等

续表 1-7

构件名称	施工图表达的内容	主要注写要求
阳台板及空调板	平面布置图	标注预制构件编号、预制构件平面尺寸、定位尺寸、预留洞口尺寸及相对应构件本身的定位(标准构件时不注)、楼层结构标高、板顶标高高差
	构件表	标注平面图中的编号、板厚、构件质量、构件数量、所在层号、构件详图页码；选用标准图集时应注明对应的标准构件编号
女儿墙	平面布置图	标注预制构件编号、预制构件平面尺寸、定位尺寸、预留洞口尺寸及相对应构件本身的定位(标准构件时不注)、楼层结构标高、女儿墙厚度、墙顶标高
	预制女儿墙表	标注平面图中的编号、所在层号和轴线号、内叶墙厚、构件质量、构件数量、构件详图页码，有必要时外叶板调整参数；选用标准图集时应注明对应的标准构件编号

表 1-8 预制构件及后浇构件代号表示方法

预制构件类型	代号	预制构件类型	代号
预制外墙板	YWQ	预制剪刀楼梯	JT
预制内墙板	YNQ	预制阳台板	YYTB
预制隔墙板	GQ	预制女儿墙	YNEQ
预制叠合梁	DL	预制空调板	YKTB
预制叠合连梁	DLL	约束边缘构件后浇段	YHJ
预制叠合楼面板	DLB	构造边缘构件后浇段	GHJ
预制叠合屋面板	DWB	非边缘构件后浇段	AHJ
预制叠合悬挑板	DXB	叠合板底板接缝	JF
预制外墙模板	JM	叠合板底板密拼接缝	MF
预制双跑楼梯	ST	水平后浇带	SHJD

知识点 2：装配式混凝土结构(剪力墙结构)施工图表示方法

码 1-2 图片：装配式混凝土结构表示方法及示例

装配式混凝土结构施工图表示方法，是在结构平面图上表达各结构构件的布置，与构件详图、构造详图相配合，形成一套完整的装配式混凝土结构设计文件，与之配套的国家建筑标准设计图集包括《装配式混凝土结构连接节点构造(2015 年合订本)》(GB310-1～2)、《预制混凝土剪力墙外墙板》(15G365-1)、《桁架钢筋混凝土叠合板(60 mm

厚底板)》(15G366-1)、《预制钢筋混凝土板式楼梯》(15G367-1)、《预制钢筋混凝土阳台板、空调板及女儿墙》(15G368-1)、《装配式混凝土结构住宅建筑设计示例(剪力墙结构)》(15J939-1)、《混凝土结构施工图平面整体表示方法制图规则和构造详图(现浇混凝土框架、剪力墙、梁、板)》(22G101-1)。

《装配式混凝土结构表示方法及示例(剪力墙结构)》(15G107-1)适用于非抗震和抗震设防烈度为6~8度地区的装配式混凝土剪力墙住宅楼的设计,其他类型建筑可参考使用。

1. 总则

(1)装配式混凝土结构(剪力墙结构)施工图文件的编制宜按构件平面布置图(基础、剪力墙、板、楼梯等)、节点、预制构件模板及配筋的顺序排列。

(2)按照图集绘图规则绘制施工图时,可在结构平面布置图中直接标注各类预制构件的编号,并列表注释预制构件的尺寸、质量、数量和选用方法等(见表1-2)。

①预制构件编号中含有类型代号和序号,类型代号指明预制构件种类,序号用于将同类构件编号。

②当直接选用标准图集中的预制构件时,因配套图集中已按构件类型注明编号,并配以详图,只需在构件表中明确平面布置图中构件编号与所选图集中构件编号的对应关系,使两者结合构成完整的结构设计图。

③当自行设计预制构件时,设计者需根据具体工程绘制构件详图,可参考相关配套图集。

(3)绘制装配式混凝土结构施工图时,标高注写应满足以下要求:

①用表格或其他方式注明包括地下和地上各层的结构层楼面标高、结构层高及相应的结构层号(见表1-9)。

表1-9　结构层楼面标高、结构层高(上部结构嵌固部位:-0.100)

层号	标高/m	层高/m
9	22.300	2.800
8	19.500	2.800
7	16.700	2.800
6	13.900	2.800
5	11.100	2.800
4	8.300	2.800
3	5.500	2.800
2	2.700	2.800
1	-0.100	2.800
-1	-2.750	2.650
-2	-5.450	2.700

底部加强部位(层3、2、1、-1)

约束边缘构件区域(层4、3、2、1、-1)

②结构层楼面标高和结构层高在单项工程中必须统一。应将统一的结构层楼面标高和结构层高分别放在墙、板等各类构件的施工图中。

(4)施工图必须写明以下内容:

①注明选用的构件标准图图集号。

②注明装配式混凝土结构的设计使用年限。

③注明各类预制构件和现浇构件在不同部位所选用的混凝土强度等级和钢筋级别,以确定相应预制构件预留钢筋的最小锚固长度和最小搭接长度等。

④当标准构造详图有多种可选择的构造做法时,设计人应写明在何部位选用何种构造做法。

⑤注明后浇段纵筋、预制墙体分布筋等在具体工程中需接长时所采用的连接形式及有关要求,必要时,尚应注明对接头的性能要求。轴心受拉及小偏心受拉构件的受力钢筋不得采用绑扎搭接,设计时应在结构平面图中注明其平面位置及层数。

⑥注明结构不同部位所处的环境类别。

⑦注明上部结构的嵌固位置。

(5)对预制构件和后浇段的混凝土保护层厚度、钢筋搭接和锚固长度,除在结构施工图中另有注明外,均需按《装配式混凝土结构表示方法及示例(剪力墙结构)》(15G107-1)要求执行。

2. 预制混凝土剪力墙施工图制图规则

(1)预制混凝土剪力墙(简称预制剪力墙)平面布置图应按标准层绘制,内容包括预制剪力墙、现浇剪力墙、后浇段、现浇段、楼面梁、水平后浇带或圈梁等(见图 1-2)。

(2)平面布置图中,应注明未居中承重墙与轴线的定位,标明预制剪力墙的门窗洞口、结构洞的尺寸和定位,还需标明预制剪力墙的装配方向。

(3)应标明水平后浇带和圈梁的位置。

(4)预制剪力墙编号规定:剪力墙编号由墙板代号和序号组成(见表 1-2)。例如:YWQ1,表示预制外墙,序号为 1;YNQ5a,表示预制内墙,序号为 5a(同一工程中有两个剪力墙,除了线盒位置不同外,其他参数均相同,为了简便起见,将该预制剪力墙编号为 5a)。

(5)列表注写方式:为表达清楚、简便,装配式剪力墙结构可视为由预制剪力墙、后浇段、现浇剪力墙身、现浇剪力墙柱、现浇剪力墙梁等构件组成。其中,现浇剪力墙身、现浇剪力墙柱和现浇剪力墙梁的注写方式应符合原平法标注规定。对应于预制剪力墙平面布置图中的编号,在预制墙板表中,选用标准图集中的预制剪力墙,或引用施工图中自行设计的预制剪力墙;在后浇段表中,绘制截面配筋图并注写几何尺寸与配筋具体数值(见表 1-3)。剪力墙梁表见表 1-10。

表 1-10　剪力墙梁表

编号	所在层号	梁顶相对标高高差	梁截面尺寸/(mm×mm)	上部纵筋	下部纵筋	箍筋
LL1	4~20	0	200×500	2 Φ 16	2 Φ 16	Φ 8@100(2)

(6)预制墙板表中表达的内容包括:

①墙板编号。

②各段墙板位置信息，包括所在轴号和楼层号。所在轴号先标注垂直于墙板的起止轴号，用“～”表示起止方向，再标注墙板所在轴线轴号，二者用“/”分隔。如果同一轴线、同一起止区域内有多块墙板，可在所在轴号后用“-1”“-2”标注。同时，需要在平面图中注明预制剪力墙的装配方向，外墙板以内侧为装配方向，不需特殊标注，内墙板用▲表示装配方向（见图 1-6）。

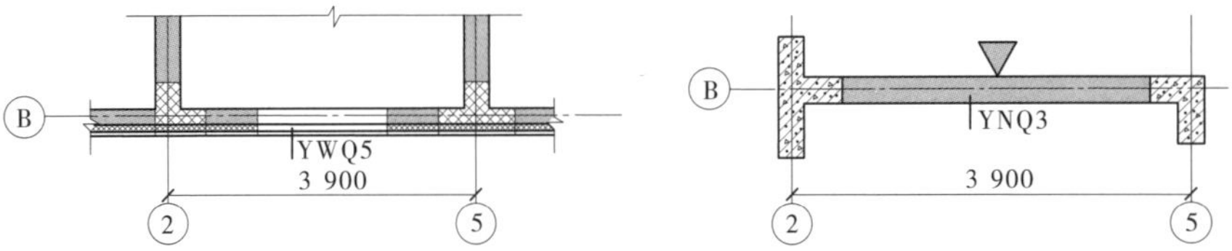

图 1-6　预制剪力墙装配方向表示方法　（单位：mm）

③注写管线预埋位置信息。当选用标准图集时，高度方向可只注写低区、中区和高区，水平方向根据标准图集的参数进行选择；当不可选用标准图集时，高度方向和水平方向均应注写具体定位尺寸，其参数位置所在装配方向为 X、Y，装配方向背面为 X'、Y'，可用下角标编号区分不同线盒（见图 1-7）。

码 1-3　图片：装配式混凝土剪力墙表示方法

④构件质量、数量。

⑤构件详图页码。当选用标准图集时，需标注图集号和相应页码；当自行设计时，应注写构件详图的图纸编号（见表 1-2）。

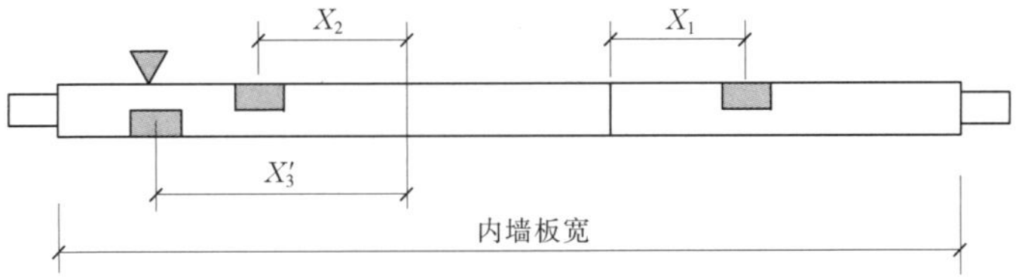

图 1-7　线盒位置表示方法

（7）标准图集中的预制混凝土剪力墙外墙由内叶墙板、保温层和外叶墙板组成。预制墙板表中需注写所选图集中内叶墙板编号和外叶墙板控制尺寸。

①标准图集中的内叶墙板共 5 种形式，编号规则见表 1-11。

表 1-11　内叶墙板编号示例

预制墙板类型	示意图	墙板编号	标志宽度/mm	层高/mm	门（窗）宽/mm	门（窗）高/mm	门（窗）宽/mm	门（窗）高/mm
无洞口外墙		WQ-1828	1 800	2 800				

续表 1-11

预制墙板类型	示意图	墙板编号	标志宽度/mm	层高/mm	门(窗)宽/mm	门(窗)高/mm	门(窗)宽/mm	门(窗)高/mm
一个窗洞高窗台外墙	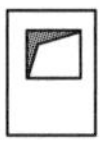	WQC1-3028-1514	3 000	2 800	1 500	1 400		
一个窗洞矮窗台外墙	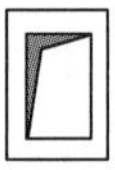	WQCA-3028-1518	3 000	2 800	1 500	1 800		
两窗洞外墙	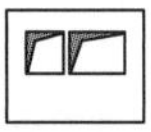	WQC2-4828-0614-1514	4 800	2 800	600	1 400	1 500	1 400
一个门洞外墙	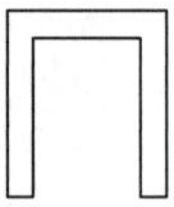	WQM-3628-1823	3 600	2 800	1 800	2 300		

②标准图集中的外叶墙板共有两种类型(见图 1-8)。

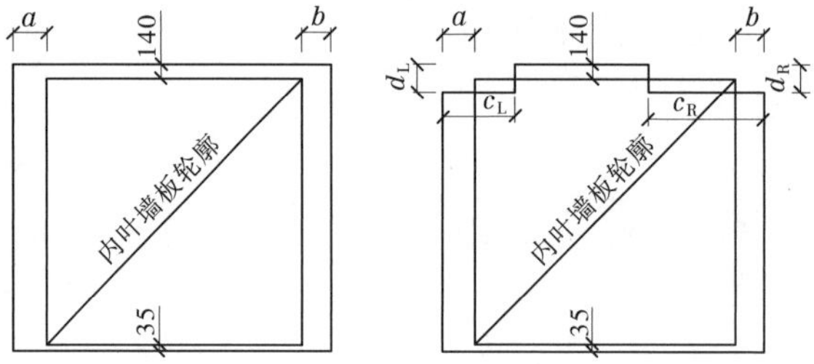

图 1-8 标准图集中外叶墙板内表面图 (单位:mm)

a. 标准图集中外叶墙板 wy-1(a、b),按实际情况标注 a、b。

b. 带阳台外叶墙板 wy-2(a、b、c_L 或 c_R、d_L 或 d_R),选用时按外叶墙板实际情况标注 a、b、c、d。

③若设计的预制外墙板与标准图集中板型的模板、配筋不同时,应由设计单位进行构件详图设计。

④当部分预制外墙选用《预制混凝土剪力墙外墙板》(15G365-1)中的墙板时,另行设计的墙板应与该图集做法及要求相配套。

(8)当选用标准图集中的内墙板时,编号详见表 1-12。

表 1-12 标准图集中预制混凝土内墙板编号示例

预制墙板类型	示意图	墙板编号	标志宽度/mm	层高/mm	门宽/mm	门高/mm
无洞口内墙		NQ-2128	2 100	2 800		
固定门垛内墙	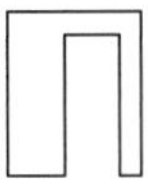	NQM1-3028-0921	3 000	2 800	900	2 100
中间门洞内墙	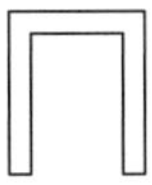	NQM2-3029-1022	3 000	2 900	1 000	2 200
刀把内墙	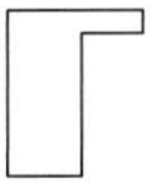	NQM3-3329-1022	3 300	2 900	1 000	2 200

(9)后浇段表示方法。编号规定:后浇段编号由后浇段类型代号和序号组成,表达形式符合表 1-8 的规定。在编号时,如果后浇段的截面尺寸与配筋均相同,仅截面与轴线的关系不同,可将其编为同一编号;约束边缘构件后浇段包括有翼墙和转角墙两种(见图 1-9);构造边缘构件后浇段包括构造边缘翼墙、构造边缘转角墙、边缘暗柱三种(见图 1-10);非边缘构件后浇段构造见图 1-11。

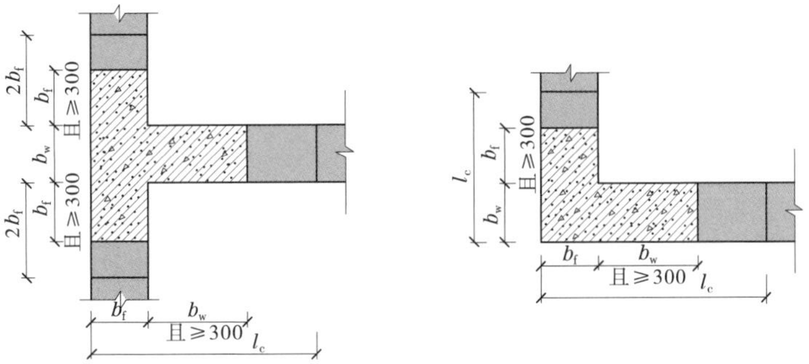

(a)有翼墙　　(b)转角墙

图 1-9 约束边缘构件后浇段(YHJ) (单位:mm)

(10)后浇段表中表达的内容如下:

①注写后浇段编号,绘制该后浇段截面配筋图,标注后浇段几何尺寸。

②注写后浇段的起止标高,自后浇段根部往上以变截面位置或截面未变但配筋改变处为界分段注写。

③注写后浇段的纵向钢筋和箍筋,注写值应与表中绘制的截面配筋对应,纵向钢筋标

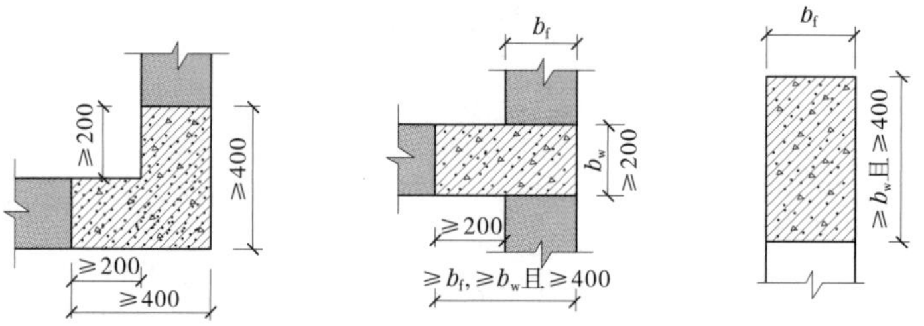

(a)转角墙　　(b)有翼墙　　(c)边缘暗柱

图 1-10　构造边缘构件后浇段(GHJ)　(单位:mm)

注直径和数量;箍筋、拉筋注写方式同现浇剪力墙结构墙柱箍筋的注写方式。

④预制墙板外露钢筋尺寸应标注至钢筋中线,保护层厚度应标注至箍筋外表面。

(11)预制混凝土叠合梁编号由代号和序号组成,代号表达形式符合表 1-8 的规定。

(12)预制外墙模板编号由类型代号和序号组成,预制外墙模板表内容包括平面图中编号、所在层号、所在轴号、外叶墙板厚度、构件质量、数量、构件详图页码(见表 1-13)。

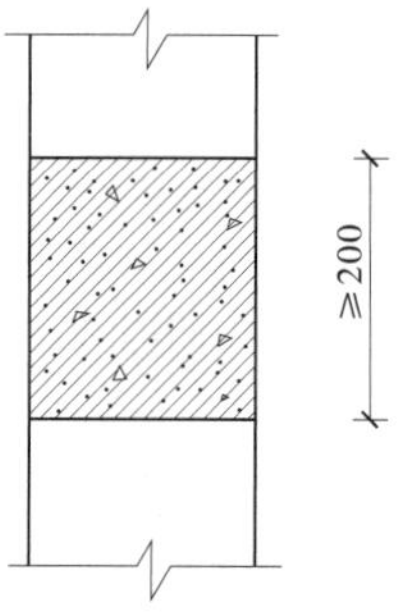

图 1-11　非边缘构件后浇段(AHJ)　(单位:mm)

表 1-13　预制外墙模板表

平面图中编号	所在层号	所在轴号	外叶墙板厚度/mm	构件质量/t	数量	构件详图页码(图号)
JM1	4~20	A/1;D/1	60	0.47	34	15G365-1:228

3. 叠合楼盖施工图制图规则(适合以剪力墙、梁为支座的叠合楼面板)

(1)叠合楼盖施工图主要包括预制底板平面布置图[见图 1-2(a)]、现浇层配筋图[见图 1-2(b)]、水平后浇带或圈梁布置图(见图 1-12)。

码 1-4　图片:装配式混凝土叠合楼板表示方法

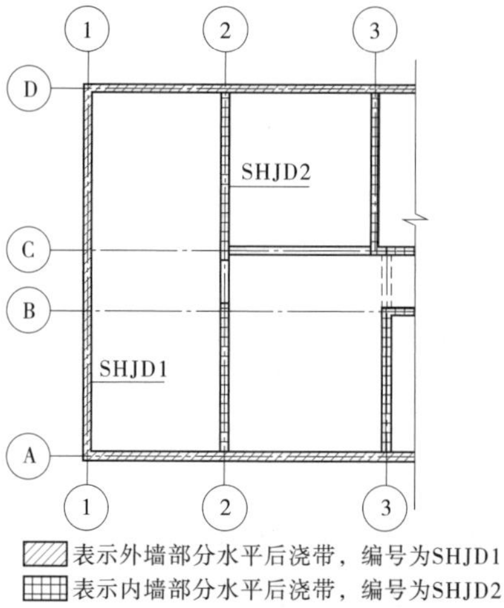

图 1-12　5.500~55.900 m 标高水平后浇带平面布置图

(2)所有叠合板应逐一编号,相同编号板块可择其一做集中标注,其他仅注写置于圆圈内的板编号。当板面标高不同时,在板编号的斜线下标注标高高差,下降为"-"。叠合板编号由代号和序号组成,符合表 1-8 规定。

(3)叠合楼盖现浇层注写方法同现浇结构板平法标注,同时应标注叠合板编号。

(4)预制底板标注:预制底板平面布置图中需要标注叠合板编号、预制底板编号、各块预制底板尺寸和定位。当选用标准图集中的预制底板时,可直接在板块上标注标准图集中的底板编号。预制底板为单向板时,还应标注板边调节缝和定位;预制底板为双向板时,还应标注接缝尺寸和定位;当板面标高不同时,标注底板标高高差,下降为"-",同时应给出预制底板表(见表 1-14)。

表 1-14　叠合板预制底板表

叠合板编号	选用构件编号	所在楼层	构件质量/t	数量	构件详图页码(图号)
DLB1	DBD67-3320-2	3~21	0.93	19	15G366-1:65
	DBD67-3315-2	3~21	0.70	19	15G366-1:63
	DBS2-67-3317	3~21	0.87	19	结施-35(本图略)
	DBD67-3324-2	3~21	1.23	19	15G366-1:66
DLB2	DBS1-67-3912-22	3~21	0.56	38	15G366-1:22
	DBS2-67-3924-22	3~21	1.23	19	15G366-1:41
DLB3	DBD67-3612-2	3~21	0.62	19	15G366-1:62
	DBD67-3624-2	3~21	1.23	19	15G366-1:66

注:未注明的预制构件板底标高为本层标高减去叠合板板厚,降板部分的板底标高为叠合板底板标高减去降板所降高度。

(5)预制底板表中需要标明叠合板编号、板块内的预制底板编号及其与叠合板编号的对应关系、所在楼层、构件质量和数量、构件详图页码、构件设计补充内容。

(6)标准图集中预制底板编号规则如表 1-15~表 1-19 所示。

表 1-15　标准图集中叠合板底板编号

<table>
<tr><th>叠合板底板类型</th><th>编号</th></tr>
<tr><td>单向板</td><td>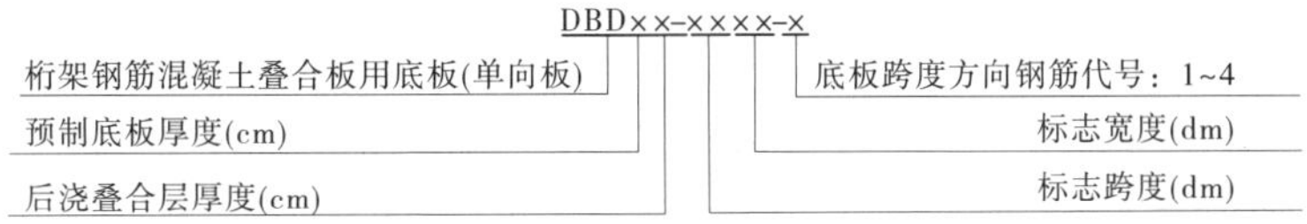

例:底板编号 DBD67-3324-2 表示为单向板受力叠合板用底板,预制底板厚度为 60 mm,后浇叠合层厚度为 70 mm,预制底板的标志跨度为 3 300 mm,预制底板的标志宽度为 2 400 mm,底板跨度方向配筋为Φ 8@150</td></tr>
</table>

续表 1-15

<table>
<tr><th>叠合板
底板类型</th><th>编号</th></tr>
<tr><td>双向板</td><td>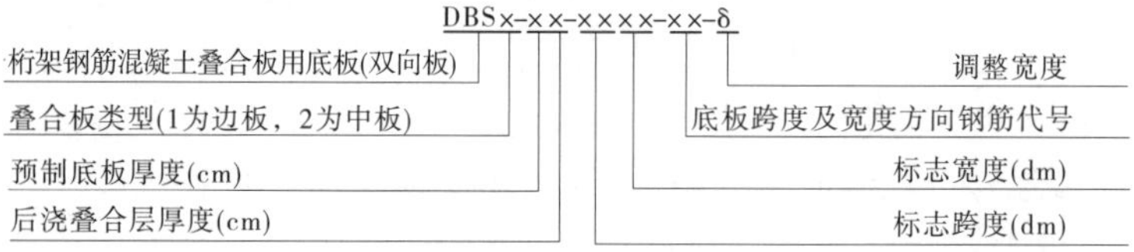

例:底板编号 DBS1-67-3924-22,表示为双向板受力叠合板用底板,拼装位置为边板,预制底板厚度为 60 mm,后浇叠合层厚度为 70 mm,预制底板的标志跨度为 3 900 mm,预制底板的标志宽度为 2 400 mm,底板跨度方向、宽度方向配筋均为Φ 8@ 150</td></tr>
</table>

表 1-16　单向板底板钢筋代号表

代号	1	2	3	4
受力钢筋规格及间距	Φ 8@ 200	Φ 8@ 150	Φ 10@ 200	Φ 10@ 150
分布钢筋规格及间距	Φ 6@ 200	Φ 6@ 200	Φ 6@ 200	Φ 6@ 200

表 1-17　双向板底板跨度、宽度方向钢筋代号组合表

跨度方向钢筋	宽度方向钢筋			
	Φ 8@ 200	Φ 8@ 150	Φ 10@ 200	Φ 10@ 150
Φ 8@ 200	11	21	31	41
Φ 8@ 150	—	22	32	42
Φ 8@ 100	—	—	—	43

表 1-18　单向板底板宽度及跨度

宽度	标志宽度/mm	1 200	1 500	1 800	2 000	2 400	
	实际宽度/mm	1 200	1 500	1 800	2 000	2 400	
跨度	标志跨度/mm	2 700	3 000	3 300	3 600	3 900	4 200
	实际跨度/mm	2 520	2 820	3 120	3 420	3 720	4 020

表 1-19　双向板底板宽度及跨度

宽度	标志宽度/mm	1 200	1 500	1 800	2 000	2 400	
	边板实际宽度/mm	960	1 260	1 560	1 760	2 160	
	中板实际宽度/mm	900	1 200	1 500	1 700	2 100	

续表 1-19

跨度	标志跨度/mm	3 000	3 300	3 600	3 900	4 200	4 500
	实际跨度/mm	2 820	3 120	3 420	3 720	4 020	4 320
	标志跨度/mm	4 800	5 100	5 400	5 700	6 000	
	实际跨度/mm	4 620	4 920	5 220	5 520	5 820	

(7)叠合楼盖预制底板接缝需要在平面图上标注其编号、尺寸、位置[见图 1-2(a)],并需给出接缝的详图。

①当叠合楼盖预制底板接缝选用标准图集时,可在接缝表(见表 1-20)中写明节点选用的图集号、页码、节点号和相关参数。

表 1-20　接缝表

平面图中编号	所在楼层	节点详图页码(图号)
MF	3~21	15G310-1:28,B6-1;A_{sd} 为Φ 8@200, 附加通长构造钢筋为Φ 6@200
JF2	3~21	15G310-1:20,B1-2;A_{sa} 为 3 Φ 8@150
JF3	3~21	15G366-1:82
JF4	3~21	

②自行设计叠合楼盖预制底板接缝时,需要给出节点详图(见图 1-13)。

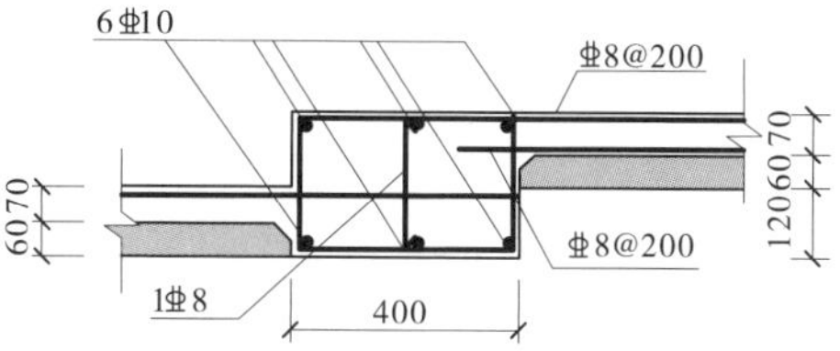

图 1-13　JF1 详图　(单位:mm)

(8)若设计的预制底板与标准图集中板型的尺寸、配筋不同,应进行构件详图设计。

(9)水平后浇带或圈梁标注,需在平面图(见图 1-12)上标注后浇带或圈梁的分布位置,水平后浇带编号由代号和序号组成(见表 1-21)。

表 1-21　水平后浇带表

平面中编号	平面所在位置	所在楼层	配筋	箍筋/拉筋
SHJD1	外墙	3~21	2 Φ 14	1 Φ 8
SHJD2	内墙	3~21	2 Φ 12	1 Φ 8

4. 预制钢筋混凝土板式楼梯施工图制图规则

(1)预制楼梯施工图包括标准层平面布置图、剖面图,预制梯段板的连接节点、预制楼梯构件表等内容。

(2)预制楼梯注写。选用标准图集楼梯时,在平面图上直接标注标准图集中的楼梯编号(见表1-22)。

表1-22　预制楼梯编号

预制楼梯类型	编号
双跑楼梯	ST-××-×× 预制钢筋混凝土双跑楼梯 层高(dm) 楼梯间净宽(dm) 例:底板编号ST-28-25,表示预制钢筋混凝土板式双跑楼梯,层高为2 800 mm,楼梯间净宽为2 500 mm
剪刀楼梯	JT-××-×× 预制钢筋混凝土剪刀楼梯 层高(dm) 楼梯间净宽(dm) 例:底板编号JT-28-26,表示预制钢筋混凝土板式剪刀楼梯,层高为2 800 mm,楼梯间净宽为2 600 mm

(3)预制楼梯平面布置图标注内容包括楼梯间的平面尺寸、楼层结构标高、楼梯的上下方向、预制楼梯的平面几何尺寸、梯板类型及编号、定位尺寸和连接做法索引号等,剪刀楼梯中还需要标注防火隔墙的定位尺寸及做法(见图1-3)。

码1-5　图片:预制楼梯表示方法

(4)预制楼梯剖面图注写内容包括楼梯编号、梯梁梯柱编号、预制梯板水平及竖向尺寸、楼层结构标高、层间结构标高、建筑楼面做法及厚度等(见图1-4)。

(5)预制楼梯表的主要内容包括构件编号、所在楼层、构件质量、构件数量、构件详图页码(选用标准图集的楼梯注写具体图集号和相应页码,自行设计的构件需注写施工图图号)、连接索引(标准构件注明具体图集号、页码和节点号,自行设计时需注写施工图页码),备注中可标明该预制构件是“标准构件”还是“自行设计”(见表1-23)。

(6)预制隔墙编号由代号、序号组成。

表1-23　预制楼梯表

构件编号	所在楼层	构件质量/t	数量	构件详图页码(图号)	连接索引	备注
ST-28-24	3~20	1.61	72	15G367-1:8~10	—	标准构件
ST-31-24	1~2	1.8	8	结施-24	15G367-1:27①②	自行设计(本图略)

5. 预制钢筋混凝土阳台板、空调板及女儿墙施工图制图规则

(1)预制钢筋混凝土阳台板、空调板、女儿墙施工图应包括标准层平面布置图、构件选用表。平面布置图中需要标注预制构件编号、定位尺寸及连接做法(见图 1-14~图 1-16)。

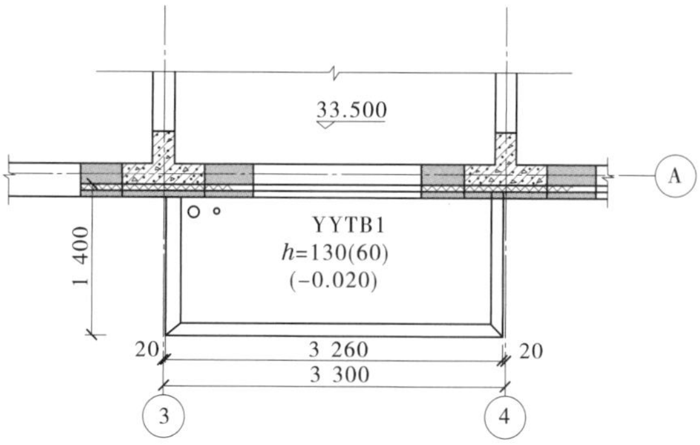

图 1-14　标准层预制阳台板平面注写示例　(单位:尺寸,mm;标高,m)

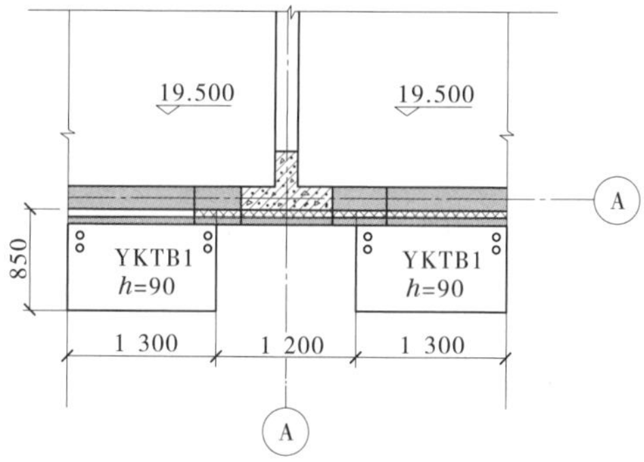

图 1-15　标准层预制空调板平面注写示例　(单位:尺寸,mm;标高,m)

码 1-6　图片:预制阳台、空调板、女儿墙表示方法

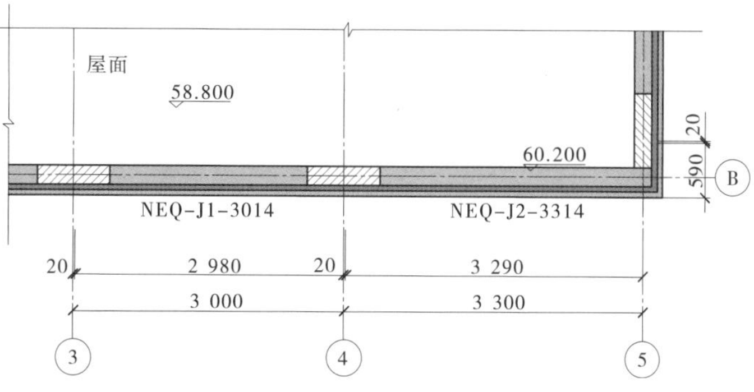

图 1-16　预制女儿墙平面注写示例　(单位:尺寸,mm;标高,m)

(2)预制阳台板、空调板、女儿墙编号应由构件代号和序号组成(见表 1-24)。

表 1-24　标准图集中预制阳台板、空调板、女儿墙编号

预制构件类型	编号
阳台板	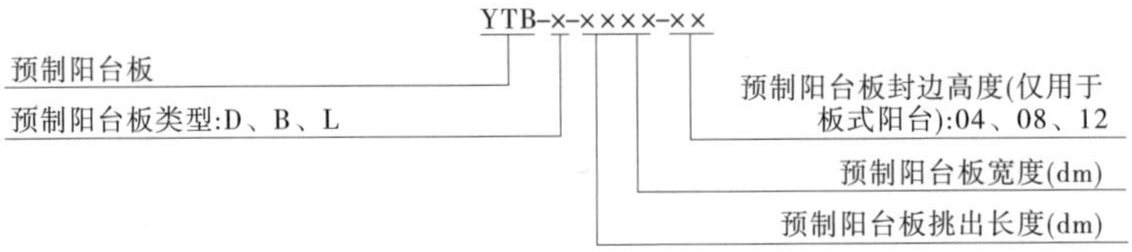 注:1. 预制阳台板类型:D 表示叠合板式阳台,B 表示全预制板式阳台,L 表示全预制梁式阳台。 2. 预制阳台板封边高度:04 表示 400 mm,08 表示 800 mm,12 表示 1 200 mm。 3. 预制阳台板挑出长度从结构承重墙外表面算起。 例:YTB-D-1024-08 表示预制叠合板式阳台,挑出长度为 1 000 mm,阳台板宽度为 2 400 mm,封边高度为 800 mm
空调板	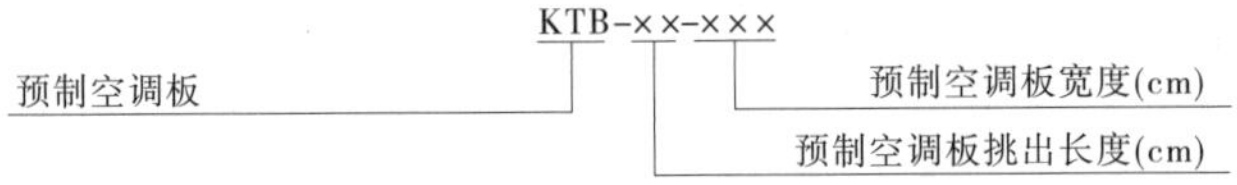 注:预制空调板挑出长度从结构承重墙外表面算起。 例:KTB-84-130 表示预制空调板挑出长度为 840 mm,宽度为 1 300 mm
女儿墙	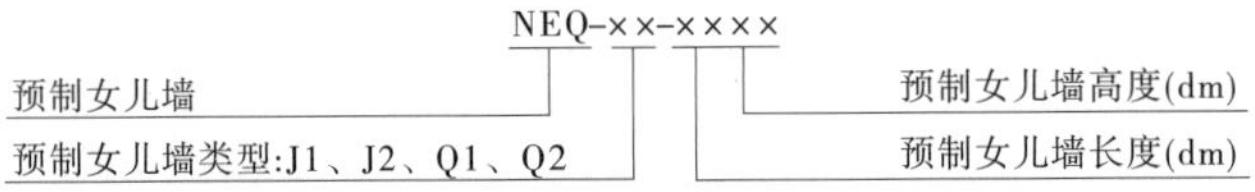 注:1. 预制女儿墙类型:J1 表示夹心保温式女儿墙(直板);J2 表示夹心保温式女儿墙(转角墙);Q1 表示非保温式女儿墙(直板);Q2 表示非保温式女儿墙(转角板)。 2. 预制女儿墙高度从屋面结构层标高算起,600 mm 高表示为 06,1 400 mm 高表示为 14。 例:NEQ-J1-3614 表示夹心保温式女儿墙(直板),其高度为 1 400 mm,长度为 3 600 mm

(3)预制阳台板、空调板及女儿墙平面布置图注写内容包括预制构件编号、平面尺寸、定位尺寸、预留洞口尺寸及相对于构件本身的定位尺寸、楼层结构标高、与结构标高不同时的标高高差、女儿墙的厚度、定位尺寸、墙顶标高。

(4)预制阳台板、空调板表(见表 1-25)的主要内容:平面图中编号、选用构件、板厚、构件质量、数量、所在层号、构件详图页码(图号)。

表 1-25 预制阳台板、空调板表

平面图中编号	选用构件	板厚 h/mm	构件质量/t	数量	所在层号	构件详图页码(图号)	备注
YYTB1	YTB-D-1224-4	130(60)	0.97	51	4~20	15G368-1	标准构件
YKTB1	—	90	1.59	17	4~20	结施-38	自行设计(本图略)

(5)预制女儿墙表(见表 1-26)的主要内容包括:平面图中编号、选用标准图集中构件编号、所在层号和轴线号、内叶墙厚、构件质量、构件数量、构件详图页码,如果女儿墙内叶墙板与标准图集一致,外叶墙板有区别,可对外叶墙板参数 a、b 调整后选用(见图 1-17)。

表 1-26 预制女儿墙表

平面图中编号	选用构件	外叶墙板调整	所在层号	所在轴号	墙厚(内叶墙)/mm	构件质量/t	数量	构件详图页码(图号)
YNEQ2	NEQ-J2-3614	—	屋面 1	1~2/B	160	2.44	1	15G368-1:D08~D11
YNEQ5	NEQ-J1-3914	a=190 b=230	屋面 1	2~3/C	160	2.90	1	15G368-1:D04~D05
YNEQ6	—	—	屋面 1	3~5/J	160	3.70	1	结施-74(本图略)

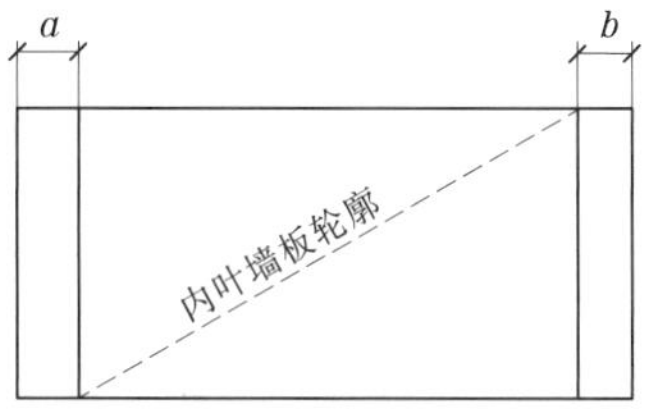

图 1-17 女儿墙外叶墙板调整选用参数示意图

1.9 评价反馈

学生进行自评,评价自己是否能完成装配式建筑施工图识读的学习,是否能按时完成报告等实训成果资料,有无任务遗漏。老师对学生的评价内容包括:报告书写是否工整规范,报告内容数据是否正确、真实合理,阐述是否详细,认识体会是否深刻,实验结果分析是否合理,是否起到实训的作用。

(1)学生进行自我评价,并将结果填入表 1-27 学生自评表中。

表 1-27　学生自评表

班级：	姓名： 学号：		
学习情境 1	装配式建筑施工图识读		
评价项目	评价标准	分值	得分
装配式建筑施工图图例和预制构件及后浇带代号表示	能正确识读常用构件图例和预制构件及后浇带代号，并理解这些代号的含义	10	
预制剪力墙的识读	能正确识读剪力墙平面布置图内容，理解剪力墙装配方向，识读剪力墙板内容，包括内叶板编号、外叶板表示方法、剪力墙轴线、预埋管线位置表示方法；正确识读后浇带表内容	10	
叠合板的识读	能正确识读预制板平面布置图内容，包括叠合板范围、编号，预制板的位置、方向、编号，预制板的标高及接缝位置和编号；正确识读叠合板表，掌握水平后浇带的表示方法	10	
预制楼梯的识读	能正确识读预制楼梯平面布置图、剖面图和楼梯表内容	10	
预制钢筋混凝土阳台板、空调板及女儿墙识读	能正确识读预制阳台板、空调板和女儿墙平面布置图；能正确识读构件表内容	10	
工作态度	态度端正，无缺勤、迟到、早退现象	10	
工作质量	能按计划完成工作任务，质量较好	10	
协调能力	与小组成员、同学之间能合作交流，协调工作	10	
职业素质	能做到安全生产、文明施工、保护环境、爱护公共设施	10	
创新意识	能通过标准图集和规范、规程自主解决问题	10	
合计		100	

（2）学生以小组为单位，对以上学习情境的过程与结果进行互评，将互评结果填入表 1-28 学生互评表中。

表 1-28 学生互评表

<table>
<tr><td colspan="2">学习情境 1</td><td colspan="14">装配式建筑施工图识读</td></tr>
<tr><td rowspan="2">评价项目</td><td rowspan="2">分值</td><td rowspan="2" colspan="8">等级</td><td colspan="6">评价对象(组别)</td></tr>
<tr><td>1</td><td>2</td><td>3</td><td>4</td><td>5</td><td>6</td></tr>
<tr><td>计划合理</td><td>8</td><td>优</td><td>8</td><td>良</td><td>7</td><td>中</td><td>6</td><td>差</td><td>4</td><td></td><td></td><td></td><td></td><td></td><td></td></tr>
<tr><td>方案准确</td><td>8</td><td>优</td><td>8</td><td>良</td><td>7</td><td>中</td><td>6</td><td>差</td><td>4</td><td></td><td></td><td></td><td></td><td></td><td></td></tr>
<tr><td>团队合作</td><td>8</td><td>优</td><td>8</td><td>良</td><td>7</td><td>中</td><td>6</td><td>差</td><td>4</td><td></td><td></td><td></td><td></td><td></td><td></td></tr>
<tr><td>组织有序</td><td>8</td><td>优</td><td>8</td><td>良</td><td>7</td><td>中</td><td>6</td><td>差</td><td>4</td><td></td><td></td><td></td><td></td><td></td><td></td></tr>
<tr><td>工作质量</td><td>8</td><td>优</td><td>8</td><td>良</td><td>7</td><td>中</td><td>6</td><td>差</td><td>4</td><td></td><td></td><td></td><td></td><td></td><td></td></tr>
<tr><td>工作效率</td><td>8</td><td>优</td><td>8</td><td>良</td><td>7</td><td>中</td><td>6</td><td>差</td><td>4</td><td></td><td></td><td></td><td></td><td></td><td></td></tr>
<tr><td>工作完整</td><td>10</td><td>优</td><td>10</td><td>良</td><td>8</td><td>中</td><td>6</td><td>差</td><td>5</td><td></td><td></td><td></td><td></td><td></td><td></td></tr>
<tr><td>工作规范</td><td>16</td><td>优</td><td>16</td><td>良</td><td>13</td><td>中</td><td>10</td><td>差</td><td>8</td><td></td><td></td><td></td><td></td><td></td><td></td></tr>
<tr><td>成果报告</td><td>16</td><td>优</td><td>16</td><td>良</td><td>13</td><td>中</td><td>10</td><td>差</td><td>8</td><td></td><td></td><td></td><td></td><td></td><td></td></tr>
<tr><td>成果展示</td><td>10</td><td>优</td><td>10</td><td>良</td><td>8</td><td>中</td><td>6</td><td>差</td><td>5</td><td></td><td></td><td></td><td></td><td></td><td></td></tr>
<tr><td>合计</td><td>100</td><td colspan="8"></td><td></td><td></td><td></td><td></td><td></td><td></td></tr>
</table>

(3)教师对学生工作过程与工作结果进行评价,并将评价结果填入表 1-29 教师综合评价表中。

表 1-29　教师综合评价表

<table>
<tr><td colspan="6">班级：　　　　　　姓名：　　　　　　学号：</td></tr>
<tr><td colspan="2">学习情境 1</td><td colspan="4">装配式建筑施工图识读</td></tr>
<tr><td colspan="2">评价项目</td><td colspan="2">评价标准</td><td>分值</td><td>得分</td></tr>
<tr><td colspan="2">考勤(10%)</td><td colspan="2">不迟到、不早退、不旷课</td><td>10</td><td></td></tr>
<tr><td rowspan="8">工作过程
(60%)</td><td>装配式建筑施工图图例和预制构件及后浇带代号表示</td><td colspan="2">能正确识读常用构件图例和预制构件及后浇带代号,并理解这些代号含义</td><td>8</td><td></td></tr>
<tr><td>预制剪力墙的识读</td><td colspan="2">能正确识读剪力墙平面布置图内容,理解剪力墙装配方向,识读剪力墙板内容,包括内叶板编号、外叶板表示方法、剪力墙轴线、预埋管线位置表示方法,正确识读后浇带表内容</td><td>8</td><td></td></tr>
<tr><td>叠合板的识读</td><td colspan="2">能正确识读预制板平面布置图内容,包括叠合板范围、编号,预制板的位置、方向、编号,预制板的标高及接缝位置和编号;正确识读叠合板表,掌握水平后浇带的表示方法</td><td>8</td><td></td></tr>
<tr><td>预制楼梯的识读</td><td colspan="2">能正确识读预制楼梯平面布置图、剖面图和楼梯表内容</td><td>8</td><td></td></tr>
<tr><td>预制钢筋混凝土阳台板、空调板及女儿墙识读</td><td colspan="2">能正确识读预制阳台板、空调板和女儿墙平面布置图、构件表内容</td><td>8</td><td></td></tr>
<tr><td>工作态度</td><td colspan="2">态度端正,工作认真主动</td><td>10</td><td></td></tr>
<tr><td>协调能力</td><td colspan="2">与小组成员、同学之间能合作交流,协调工作</td><td>5</td><td></td></tr>
<tr><td>职业素质</td><td colspan="2">能做到安全生产、文明施工、保护环境、爱护公共设施</td><td>5</td><td></td></tr>
<tr><td rowspan="4">项目成果
(30%)</td><td>工作完整</td><td colspan="2">能按时完成任务</td><td>5</td><td></td></tr>
<tr><td>工作规范</td><td colspan="2">能按要求步骤识读图纸</td><td>10</td><td></td></tr>
<tr><td>读图报告</td><td colspan="2">能正确识读图纸并高质量完成读图报告</td><td>10</td><td></td></tr>
<tr><td>成果展示</td><td colspan="2">成果报告规范清晰整洁</td><td>5</td><td></td></tr>
<tr><td colspan="4">合计</td><td>100</td><td></td></tr>
<tr><td colspan="2" rowspan="2">综合评价</td><td>自评
(20%)</td><td>小组互评
(30%)</td><td>教师评价
(50%)</td><td>综合得分</td></tr>
<tr><td></td><td></td><td></td><td></td></tr>
</table>

学习情境 2　装配式混凝土构件生产

2.1　学习情境描述

装配式混凝土建筑很重要的一个环节就是预制混凝土构件的生产，本学习情境的主要任务是学习识读安装施工图和标准图集，学习“1+X”装配式建筑构件制作与安装职业技能等级证书考试的要点，并进行预制叠合板、预制保温外墙板的生产操作。

2.2　学习目标

(1)能够正确识读预制构件施工图。

(2)能够根据施工图纸内容计算所需要的材料。

(3)能正确选择生产构件所需要的工具、设备。

(4)能按正确的步骤和要求完成预制叠合板和预制夹心保温外墙板构件的生产操作。

(5)能检查构件生产过程和成品质量，并填写质量检验表格。

2.3　任务书

学习构件生产的准备工作，学习识读图纸并计算材料用量，统计预制叠合板和预制夹心保温外墙板生产所需要的工具、设备。学习“1+X”装配式建筑构件制作与安装职业技能等级证书标准及考核大纲，根据规定的生产步骤和质量要求进行预制叠合板和预制夹心外墙板的生产操作。

2.4　任务分组

填写学生任务分配表(见表 2-1)。

表 2-1　学生任务分配表

<table>
<tr><td>班级</td><td colspan="2"></td><td>组号</td><td colspan="2"></td><td>指导老师</td><td></td></tr>
<tr><td>组长</td><td colspan="2"></td><td>学号</td><td colspan="2"></td><td></td><td></td></tr>
<tr><td rowspan="5">组员</td><td colspan="2">姓名</td><td colspan="2">学号</td><td colspan="2">姓名</td><td>学号</td></tr>
<tr><td colspan="2"></td><td colspan="2"></td><td colspan="2"></td><td></td></tr>
<tr><td colspan="2"></td><td colspan="2"></td><td colspan="2"></td><td></td></tr>
<tr><td colspan="2"></td><td colspan="2"></td><td colspan="2"></td><td></td></tr>
<tr><td colspan="2"></td><td colspan="2"></td><td colspan="2"></td><td></td></tr>
<tr><td colspan="8">任务分工</td></tr>
</table>

2.5 工作准备

(1)学习预制混凝土构件生产线类型及特点。

(2)学习图集:

《预制混凝土剪力墙外墙板》(15G365-1);

《桁架钢筋混凝土叠合板(60 mm 厚底板)》(15G366-1)。

(3)识读图纸:叠合板模板图、叠合板配筋图、夹心外墙板模板图、夹心外墙板配筋图。

2.6 思政导引

超级医院——人民有信仰、国家有力量

2020年初,新型冠状病毒迅速蔓延全国,作为主要战场的武汉,在疫情暴发之际,医疗资源不足,“人等床”现象普遍。为贯彻执行党中央“人民至上、生命至上”价值理念,武汉参照北京小汤山医院模式建设了武汉火神山医院和雷神山医院,两座医院建成历时仅十余天。

积力之所举,则无不胜也;众智之所为,则无不成也。火神山医院和雷神山医院的建成,彰显了惊人的中国速度,是中国人积合力以致胜、汇众智而成功的一个了不起的举动,这是“中国速度”成就的又一个奇迹。如此神速的建设背后,除受中国速度的加持外,更离不开新技术的支撑。两座医院的建设,均采用了行业最前沿的装配式建筑技术,最大限度地采用拼装式工业化成品,同时,在外部拼接后进行整体吊装,将现场施工和整体吊装穿插进行,大幅减少了现场作业的工作量和时间,实现了效率最大化,并且广泛应用了自主研发的装配式建筑医院系列,精准契合医院建设需求,实现了极短工期下的建成即交付、交付即使用。

世界卫生组织总干事谭德塞评价说:“中方行动速度之快、规模之大,世所罕见,展现出中国速度、中国规模、中国效率,我们对此表示高度赞赏。这是中国制度的优势,有关经验值得其他国家借鉴。”

放眼世界,只有中国共产党领导,只有中国特色社会主义制度,才能够进行如此恢弘的社会动员和资源整合,形成集中力量办大事、办难事的社会合力。正是这一政治优势,不断强化全社会的集体意识、国家观念、家国情怀,激励人们同心同德、无私奉献,汇聚起共克时艰、共渡难关的磅礴力量。这是人民有信仰、国家有力量的真实写照。

中国人民守望相助、同舟共济,共同创造出了新的中国速度,汇聚起众志成城、共克时艰的中国力量,彰显了中华民族同舟共济、守望相助的家国情怀,弘扬了以伟大创造精神、伟大奋斗精神、伟大团结精神、伟大梦想精神为内涵的伟大民族精神。

2.7 工作实施

(1)预制构件生产线类型及特点。

引导问题 1：预制构件生产线类型主要有：__________工艺、__________工艺、__________工艺、__________工艺、__________工艺。

引导问题 2：__________工艺特点是模台固定不动，在一个位置上完成构件生产的各道工序；__________工艺机械化程度高，生产效率高，可连续循环作业，便于实现自动化生产；__________工艺特点是主要机械设备相对固定，模板借助吊车移动，在移动过程中完成构件的生产。

小提示

预制混凝土构件是装配式建筑的基础组件，其质量和产量直接影响建筑工业化的进程。预制构件生产装备直接决定了预制混凝土构件的成本和质量，采用现代化、机械化的生产线可以减少工人劳动强度，提高产品质量和生产效率。经过多年的发展，目前已经形成固定模台、立模、预应力、流水线、压力成型等工艺的生产线。

1. 固定模台工艺

固定模台工艺是 PC(precast concrete，PC)构件制作应用最广泛的工艺，固定模台是一块平整度较高的钢平台，也可以是平整度较高的高强度水泥基材料平台，固定模台作为 PC 构件的底模，在模台上固定构件侧模，组合成完整的模具。固定模台工艺的特点是模台固定不动，在一个位置上完成构件生产的各道工序。这种工艺一般采用振动成型、热模养护。构件应在达到起吊强度后脱模，可借助专用机械使模板倾斜，然后用吊车将构件脱模。该工艺具有适用性好、管理简单、设备成本低等特点，但机械化程度较低，消耗人工较多，生产效率低。

2. 立模工艺

立模工艺是指模板垂直于地面并具有多种功能的组合模板生产工艺。模板是箱体，腔内可通入蒸汽，侧模装有振动设备。从模板上方分层浇筑混凝土后，可分层振动成型。与平模工艺相比，可节约生产空间，提高生产效率，而且构件的两个表面同样平整，通常用于生产外形比较简单而又要求两面平整的构件，如内墙板、楼梯段等。其缺点是受制于构件形状，通用性较差。立模通常成组组合使用，称为组立模，可同时生产多个构件。每块立模板均装有行走轮，能以上悬或下支方式做水平移动，以满足拆模、清模、布筋、支模等工序的操作需要。

3. 预应力工艺

预应力工艺（也称长线台模工艺）是 PC 构件固定生产方式的一种。台座一般长 100~180 m，用混凝土或钢筋混凝土灌注而成，台座两端是钢筋张拉设备和固定端。在台座上，按构件的种类和规格现支模板进行构件的单层或叠层生产，适用于制作大跨度预应力混凝土楼板、预应力叠合楼板或预应力空心楼板。预应力工艺具有投资少、设备简单、生产效率高等优点。

4. 流水线工艺

流水线工艺的特点是模台是移动的，人员是固定的，构件在移动中完成各道制作工序。按照模台移动方式的不同，流水线工艺分为平模传送流水线工艺和平模机组流水线工艺。

1) 平模传送流水线工艺

平模传送流水线工艺是将模台(也称移动台模或托盘)放置在滚轴或轨道上,在生产线上按工艺要求一次设置若干操作工位。模台下装有行走轮,可在轨道上移动,在沿生产线行走过程中完成各道工序,然后将成型的构件连同台模送进养护窑养护。这种工艺机械化程度高,生产效率高,可连续循环作业,便于实现自动化生产。根据自动化程度的不同,平模传送流水线工艺可分为手控、半自动、全自动三种类型。该工艺适用于生产较大型的板类构件,如大楼板、内外墙板等。

2) 平模机组流水线工艺

平模机组流水线工艺生产线一般建在厂房内,适合生产板类构件,如民用建筑的楼板、墙板、阳台板,工业建筑的屋面板等。在模内布置钢筋后,用吊车将模板吊至指定工位,用浇灌机往模板内浇筑混凝土,经振动成型后,再用吊车将模板连同成型的构件送至养护窑养护。这种工艺的特点是主要机械设备相对固定,模板借助吊车移动,在移动过程中完成构件的生产。

5. 压力成型工艺

压力成型工艺是预制混凝土构件生产工艺的新发展,其特点是不用振动成型,可以消除噪声。混凝土浇入钢模后,采用滚压机碾实,然后进入养护窑养护。

(2) 预制叠合板构件图纸识读。

引导问题 3:识读叠合板构件图(见图 2-1 ~ 图 2-5),图中C、M分别是什么意思?

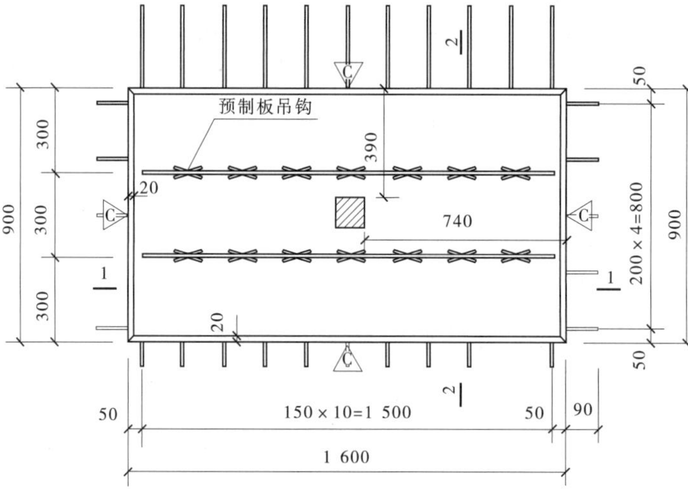

图 2-1 叠合板模板图 (单位:mm)

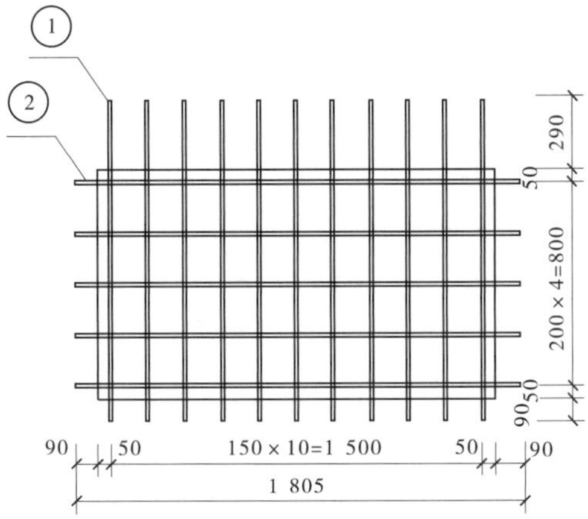

图 2-2　叠合板配筋图　（单位:mm）

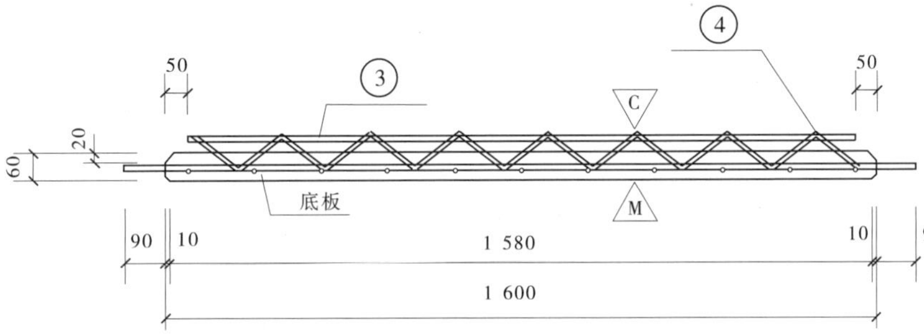

图 2-3　1—1 剖面图　（单位:mm）

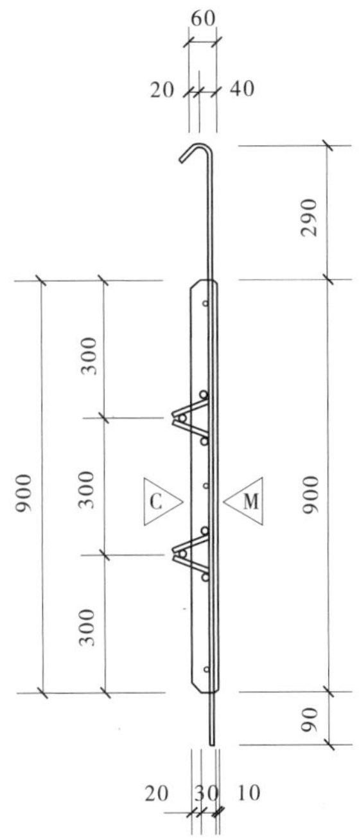

图 2-4　2—2 剖面图　（单位:mm）

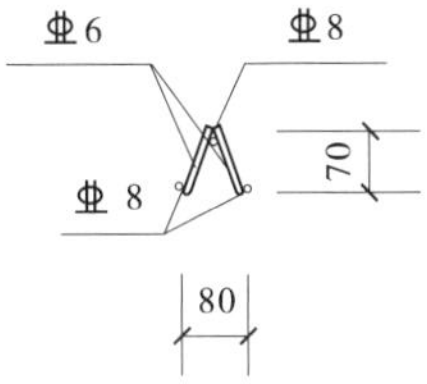

名称	图例
反面加高型86PVC盒	▨
反面加高型86铁盒	■
机电预留孔洞 (尺寸详见标注)	○ □

编号	①	②	③	④
名称	底筋	底筋	吊环、支撑环	桁架
示意图	50 / 1 280	1 780	280	8×6×8　H70×80
型号	Φ8	Φ8	Φ8	L=1 500

图 2-5　桁架大样图及图例

引导问题 4: 图 2-1 ~ 图 2-5 中预制板厚度是__________，预制板长度是__________、宽度是__________。预制板板面和板侧都应做成粗糙面，板面粗糙面采用______方法施工，板侧采用__________方法施工。叠合板粗糙面应该满足的要求是__________。

引导问题 5: 图 2-1 ~ 图 2-5 中，桁架筋的上弦筋、下弦筋、腹筋型号分别是__________、__________、__________，钢筋直径分别是__________、__________、__________，桁架筋的长度是__________。

引导问题 6: 图 2-1 ~ 图 2-5 中，①号钢筋的型号是__________，直径是__________，长度(不带弯钩)是__________；②号钢筋的型号是__________，直径是__________，长度是__________。

引导问题 7: 画出①号、②号、③号钢筋的形状并标注尺寸。

(3)预制叠合板生产材料和工具、设备准备。

引导问题 8: 图 2-1~图 2-5 中，①~④号钢筋的数量分别是多少?

____

____

____

引导问题 9: 写出在生产图 2-1 ~ 图 2-5 叠合板的过程中，需要用到的工具和设备。

____

____

____

引导问题 10: 生产叠合板使用的钢筋、水泥、粗骨料、细骨料，使用前应先进行原材料质量检查验收，这些材料验收批次如何划分？验收内容有哪些?

____

____

____

(4)预制叠合板生产施工工艺。

引导问题 11: 写出预制叠合板生产主要施工流程，并在实训室按照“1+X”装配式建筑构件制作与安装职业技能等级证书考试要求进行实际操作。

____

____

____

____

引导问题 12：侧模之间采用什么方式进行连接？侧模与模台之间采用什么方式固定？

____

____

____

____

____

____

引导问题 13：模板安装之后，需要涂刷脱模剂和缓凝剂，脱模剂和缓凝剂应涂刷于什么部位？涂刷的要求是什么？

____

____

____

____

____

引导问题 14：安装钢筋时，图 2-1～图 2-5 中①～④号钢筋按从下到上的顺序排列，依次是____________，①号钢筋上端外露尺寸是__________，下端外露尺寸是__________。②号钢筋左端外露尺寸是__________，右端外露尺寸是__________。

引导问题 15：叠合板预制底板上部叠合面粗糙面可在__________时进行拉毛处理。预制底板侧粗糙面可在__________后采用高压水进行冲洗处理。

(5)预制夹心外墙板构件图纸识读。

引导问题 16：根据外墙板图纸(见图 2-6～图 2-8)，内叶板的厚度是__________，宽度是__________，高度是__________；保温板的厚度是__________，宽度是__________，高度是__________；外叶板的厚度是__________，宽度是__________，高度是__________。

引导问题 17：吊钉的数量是____个，长度是__________，吊钉安装的位置在

__________(内叶板、外叶板、保温板)顶部,离内叶板侧边的距离是__________,吊钉的作用是__________。

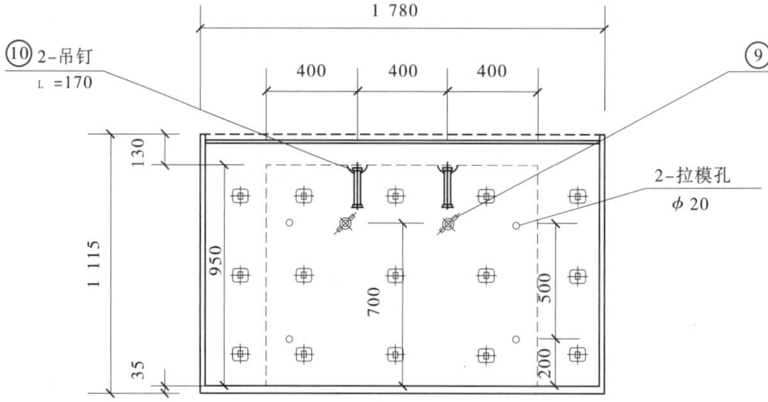

图 2-6　预制夹心外墙板模板图　(单位:mm)

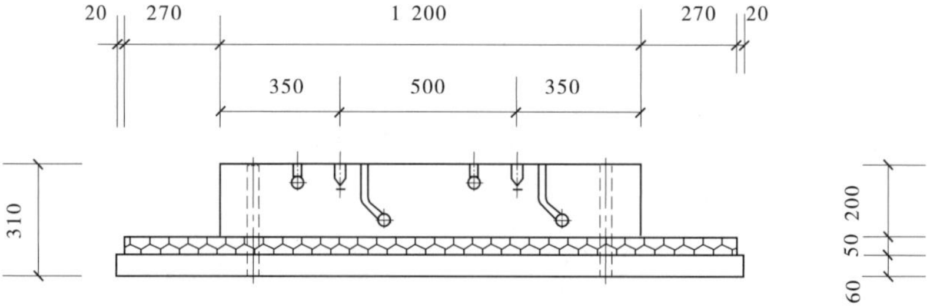

图 2-7　预制夹心外墙板俯视图　(单位:mm)

引导问题 18:内叶板、外叶板、保温板通过__________进行连接,其数量是__________个。

引导问题 19:根据预制夹心外墙构件图(见图 2-9~图 2-12),② 号钢筋型号是__________,直径是__________,总长度是__________,底部需要车螺纹,螺纹长度是__________,钢筋上部预留外露长度是__________。

引导问题 20:图 2-9 ~ 图 2-12 中灌浆套筒有__________个,套筒型号为 GTB4 - 14,指的是套筒为__________(半灌浆、全灌浆)套筒,套筒连接钢筋的屈服强度为__________,连接钢筋的直径是__________。

引导问题 21:图 2-6 中,⊘是__________预埋件,其作用是________,其连接螺栓的直径是__________,其长度是__________,数量有__________个。

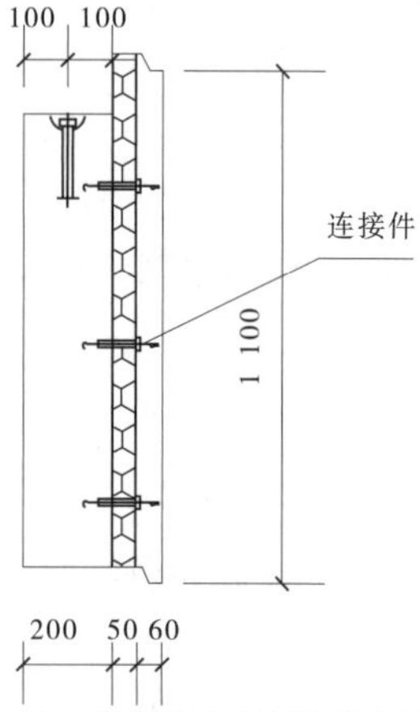

图 2-8　预制夹心外墙板侧面图
(单位:mm)

引导问题 22:根据图 2-9 ~ 图 2-11、表 2-2,⑥号、⑦ 号箍筋长度分别为

__________、__________，宽度分别为__________、__________，其宽度为何不同____。⑥号箍筋左右预留外露长度分别是__________、__________，⑦号箍筋左右预留外露长度分别是__________、__________。

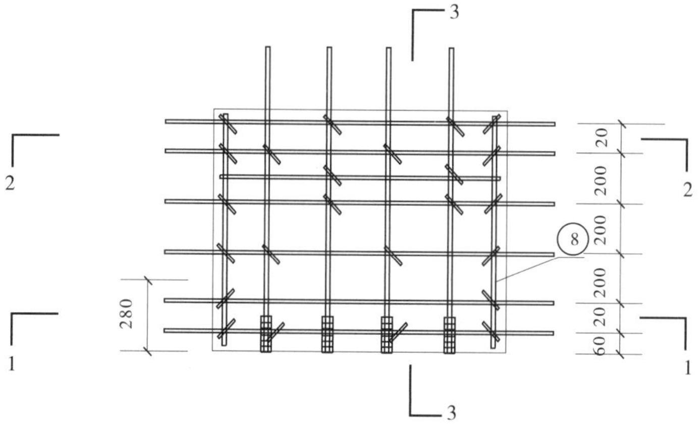

图 2-9　预制夹心外墙板配筋图

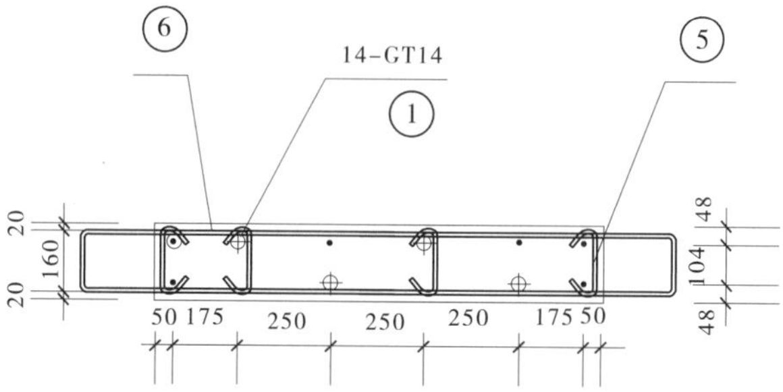

图 2-10　1—1 剖面图　（单位：mm）

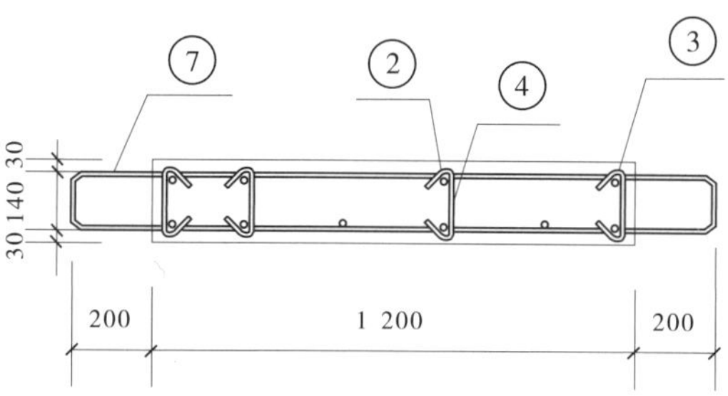

图 2-11　2—2 剖面图　（单位：mm）

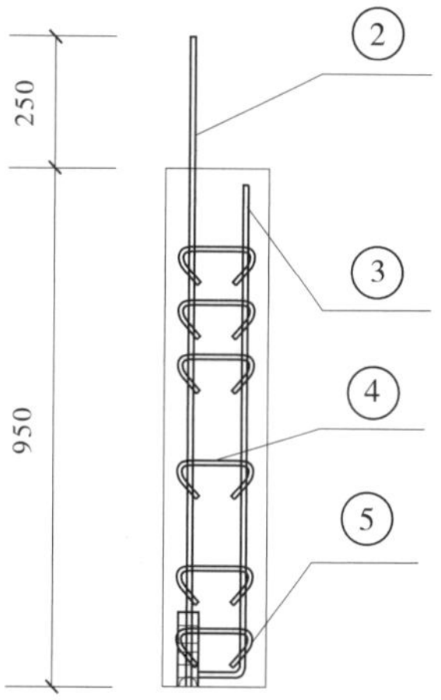

图 2-12　3—3 剖面图　（单位：mm）

表 2-2　材料清单表

编号	名称	示意图	型号	长度/mm
①	灌浆套筒	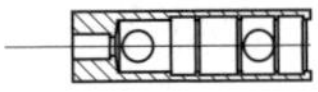	GTB4−14	140
②	钢筋	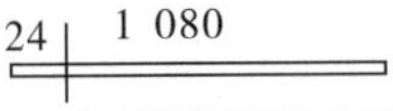	⌽14	1 104
③	钢筋	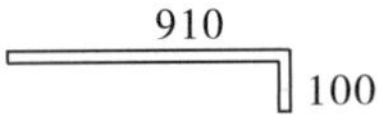	⌽8	1 160
④	拉筋		⌽6	260
⑤	拉筋	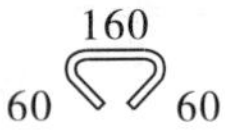	⌽6	280
⑥	箍筋	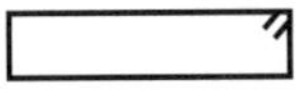	⌽8	160 × 1 600
⑦	箍筋		⌽8	140 × 1 600
⑧	箍筋	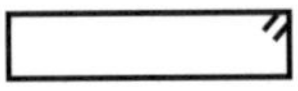	⌽8	140 × 910
⑨	普通套筒	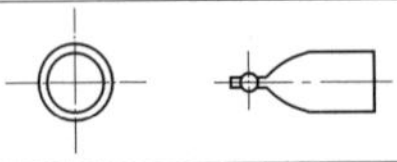	M16 × 80	
⑩	吊钉		L =170	
⑪	吊钉尾部加强筋		⌽10	200
⑬	外叶加强筋		⌽10	1 740
⑭	外叶加强筋		⌽10	1 075
⑮	外叶网片筋		⌽ 6@200	

(6)预制夹心外墙板生产工艺流程。

引导问题 23：写出预制夹心外墙板生产中可能需要的工具和设备，并提前准备好。

引导问题 24：写出预制夹心外墙板的主要生产流程，并在实训室按照“1+X”装配式建筑构件制作与安装职业技能等级证书考试要求进行实际操作。

____

____

____

____

引导问题 25：预制构件浇筑混凝土时，混凝土倾落高度不宜大于__________，并应均匀摊铺；混凝土浇筑应连续进行；混凝土从出机到浇筑完毕的延续时间，气温高于 25 ℃时，不宜超过__________，气温不高于 25 ℃时，不宜超过__________。

引导问题 26：预制混凝土浇筑后需进行预养护，预养护温度在__________，冬季大约需__________ h，春秋季大约需__________ h，夏季天气炎热时可不进行预养护。预养护后一般采用蒸汽养护，养护温度不超过__________，带保温层的构件养护温度不超过__________，升、降温速度不宜超过__________，预制构件脱模时的表面温度与环境温度的差值不宜超过__________。

2.8　学习情境的相关知识点

码 2-1　视频：叠合板工艺

知识点 1：预制叠合板生产流程及要求

1. 预制叠合板生产工艺流程

在流水线生产方式下，预制叠合板生产工艺流程如图 2-13 所示。

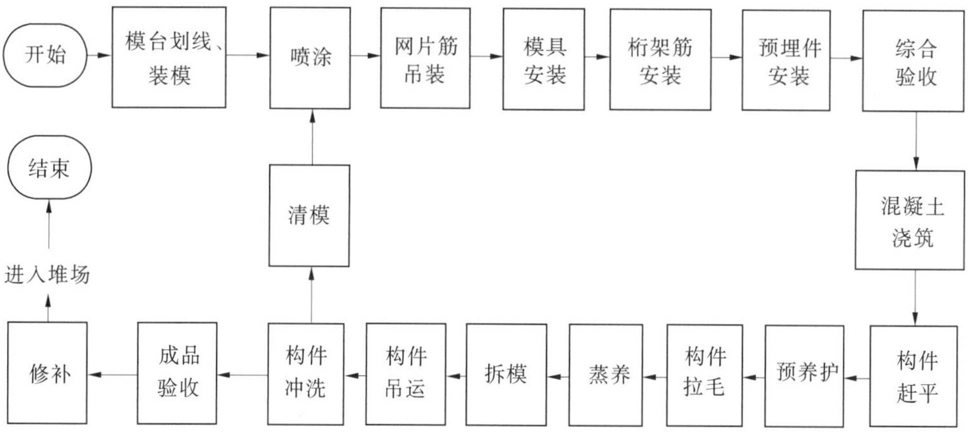

图 2-13　预制叠合板生产工艺流程

2. 预制叠合板生产主要操作步骤及要求

1) 安装钢筋网、预埋件

码 2-2 视频:叠合板钢筋网片安装

(1)操作步骤:钢筋网片、钢筋骨架宜采用自动化机械设备加工,制作后按照钢筋网类型分区放置,需要使用桁车吊运对应型号的钢筋网片到钢筋网片安装工位,调整钢筋网片方位,将钢筋嵌入到模具卡槽内固定,调整预留钢筋外露尺寸。

混凝土保护层厚度用胶砖控制,在钢筋下面按梅花状布置胶砖,胶砖数量不少于 4 个/m^2。

安装桁架筋:桁架筋预先焊制成型,将桁架筋放置在钢筋网片上部,调整桁架筋到设计位置,将桁架筋与钢筋网片用扎丝绑扎牢固。

安装吊点加强筋:将吊点加强筋放置在桁架筋下弦筋上部,每个吊点两侧分别放置一根,用扎丝将吊点加强筋绑扎牢固,用自喷漆标记桁架筋上的吊点位置。

线盒安装:用八角锤敲弯定位块上方范围内钢筋,使其弯曲至定位块范围之外;将线盒放置到模具中金属/PVC 线盒定位块上,定位块与金属/PVC 线盒口相吻合;将加固筋放置到金属/PVC 线盒正上方,用扎丝进行绑扎固定。

洞口预埋件安装:较大的洞口处,需要将钢筋网片的钢筋沿着洞口边剪断,在洞口四周绑扎洞口加强筋,然后安装洞口预埋件。

(2)要求:钢筋网片和钢筋骨架宜采用专用吊架进行吊运。钢筋保护层垫块宜与钢筋骨架或网片绑扎牢固,按梅花状布置,间距满足钢筋限位及控制变形要求,钢筋绑扎丝甩扣应弯向构件内侧。

2) 混凝土浇筑

(1)操作步骤:将角钢放置在桁架筋上方,避免浇筑混凝土时污染桁架筋;操作自动布料机第一次浇筑混凝土;启动振动台将混凝土振捣密实,同时检查混凝土浇筑情况,在混凝土未浇筑到设计标高处二次浇筑混凝土并同时启动振动台,用铁锹摊铺混凝土,清理预埋件模具上遗留的混凝土,检查混凝土浇筑厚度和平整度,达到要求后取下角钢,清理角钢表面的混凝土浮渣。

用木抹子抹平混凝土,保证混凝土表面良好的平整度,将构件表面外露的石子拍入混凝土中, 并用扫把扫除浮浆里面的气泡,避免混凝土浮浆内产生气孔。

(2)要求:混凝土浇筑前,预埋件及预留钢筋的外露部分宜采取防止污染的措施。

3) 粗糙面制作

(1)操作步骤:采用拉毛刷,分别从叠合板两侧沿着桁架筋方向拖动拉毛刷匀速移动,均匀拉毛,拉毛痕迹保持一致。

(2)要求:叠合面粗糙面可在混凝土初凝前进行拉毛处理。

4) 构件脱模

(1)操作步骤:用气动扳手,顺时针依次拆卸模具上的螺栓(包含传料孔、放线孔、遮蔽盖、地泵孔);用撬棍拆卸模具、传料孔、放线孔、遮蔽盖、地泵孔。

(2)要求:预制构件脱模起吊时的混凝土强度应计算确定,且不宜小于 15 MPa;预制构件脱模应严格按照顺序拆除模具,不得使用振动方式拆模;预制构件与模具之间的连接部分完全拆除后方可进行脱模。

5)起吊、水洗

(1)操作步骤:操作桁车吊钩,钩住桁架筋吊点处,将叠合板吊起 20 cm,用八角锤和錾子拆卸磁吸底座;操作桁车吊钩上升到 2.5 m 左右位置,将构件匀速移动至冲洗区;用高压水枪冲洗叠合板的粗糙面,检查构件上表面是否有裂纹产生。

(2)要求:粗骨料露出表面≥4 mm,冲洗掉混凝土泥浆。

知识点 2:预制夹心外墙板生产

1. 预制保温外墙板生产工艺流程

预制保温外墙板采用流水线工艺生产,其生产工艺流程如图 2-14 所示。

2. 预制保温外墙板生产主要操作步骤及要求

1)清理模具模台

(1)操作方法:用铲刀将模具、模台、工装表面黏结的混凝土铲掉,如果累积的白灰较多,则用打磨机打磨;用扫帚将铲掉的混凝土块扫除。清理工作结束后,做好整理归位及清洁工作,无乱摆、乱放,做到工完场清。

码 2-3　视频:清理模具模台

(2)要求:模具内表面干净光滑,无混凝土残渣;钢筋出孔位及所有拼缝活动处无残留混凝土、无粘模白灰;洗水面板无残留松动混凝土。

2)喷洒脱模剂、缓凝剂

(1)操作方法:将脱模油以雾状的形式喷到模具或者模台表面后,用拖把或抹布擦拭均匀,直到模台上附着一层油膜;设计为粗糙面的位置需要涂刷缓凝剂,用毛刷将缓凝剂均匀涂刷到对应位置,注意垂直面缓凝剂和水平面缓凝剂分开使用;若所安装的模具为新模,需提前在洗水面板处刷上一层水泥浆,增加缓凝剂黏附性。

码 2-4　视频:喷洒脱模剂、缓凝剂

(2)要求:模台面脱模油均匀,无杂物;缓凝剂涂刷均匀,未流至模台面;缓凝剂涂刷位置正确,涂刷尺寸符合图纸要求。

3)模具安装及钢筋笼入模

(1)操作方法:外墙边缘模具固定好后,将门窗内胆安装在指定位置,用螺杆或者磁铁盒将其固定;所有模具安装完成后,检查模具连接处是否有缝隙,有缝隙处打玻璃胶密封;将成型的钢筋笼吊入模具内,放置好钢筋笼。

(2)要求:模具拼缝处不能漏光,螺丝无松动无遗漏,拼缝接口处平整,无明显缝隙;钢筋笼四周和底部保护层厚度符合保护层设计要求;螺纹接头和半灌浆套筒连接接头应使用专用扭力扳手拧紧至规定扭力值。

码 2-5　视频:预制外墙模具安装

码 2-6　视频:预制外墙钢筋笼安装

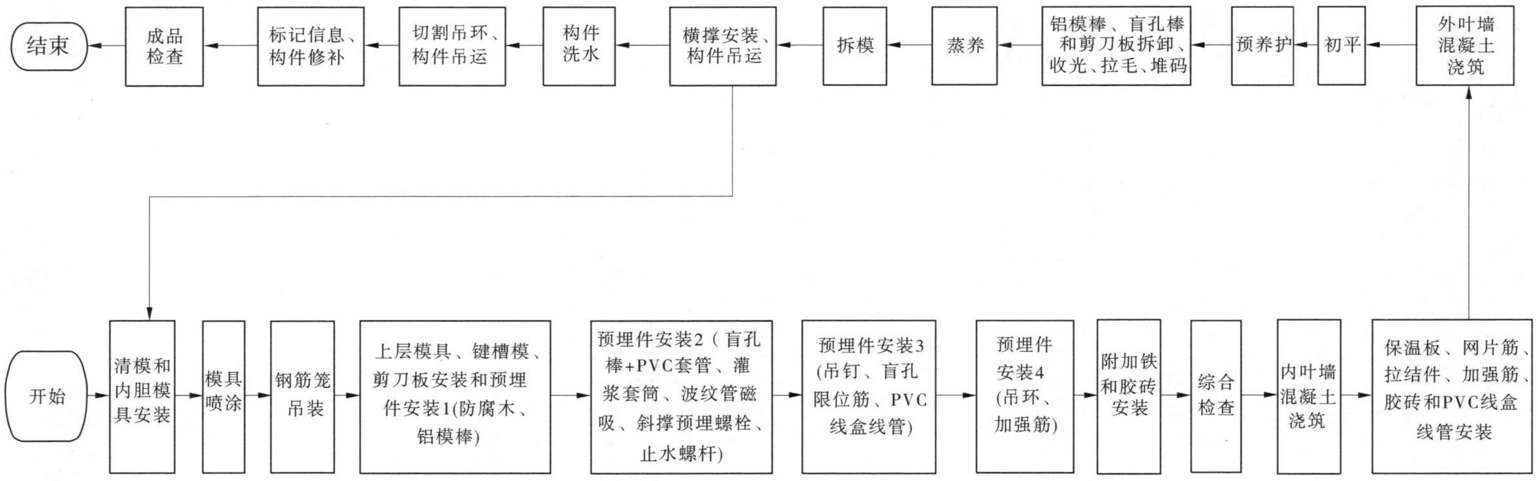

图 2-14　预制夹心外墙板生产工艺流程

4）预埋件安装

（1）操作方法：检查需要安放的预埋件，如有变形、损坏，禁止使用；若预埋件后期需要从构件取出，则要提前将预埋件涂抹脱模油和黄油；预埋件安放符合图纸要求，需将多余的铝模孔和爬架孔等用玻璃胶堵实，以防漏浆；灌浆套筒的预埋检查作为一个重点检查，波纹管安装位置需排布成一条线，且离底部边板距离不少于 50 mm，若出浆孔在模台面，固定波纹管的磁铁吸盘需涂抹黄油，方便起模；线盒线管安装时需将接头处刷上胶水，线盒里堵上海绵和胶带纸，以防漏浆，线管弯折处将弯折角度尽量放缓，方便后期穿电线。

码 2-7　视频：预制外墙预埋件安装

（2）要求：预埋件无变形、损坏，严禁私自弯曲、切断或更改已经绑扎好的钢筋笼；套筒波纹管出口与模台面垂直；灯线盒位置准确，线管弯曲符合规范。

5）保温拉结件安装及钢筋笼调整

（1）操作方法：绑扎保温拉结件底层时按照图纸规格和位置绑扎，并按照正确的绑扎方式将保温拉结件固定；按照图纸要求垫好保护层胶砖，调整好外伸钢筋长度，绑扎好吊环与吊顶附加铁，并检查是否有露筋现象；用气管吹净模具内灰尘，并将多余扎丝头从模具内清除。

码 2-8　视频：不锈钢平板连接系统标准安装工艺教学

（2）要求：保温拉结件型号规格和位置与图纸保持一致，穿插钢筋位置正确；钢筋笼放入模具后四周和底部保护层厚度符合保护层设计要求。

6）内叶板混凝土浇筑

（1）操作方法：搅拌站做好开盘记录，并安排施工员检查混凝土坍落度是否符合要求，过大或过小均不允许使用；布料机操作工将混凝土均匀浇筑于模具中，在混凝土基本达到构件厚度要求时停止下料；布料机操作工打开振动台，进行振动，振动时间约 30 s，振动频率 50 Hz，振捣均匀后停止振捣；浇筑时要注意控制尾料，避免混凝土不够或者偏多、后续模台跟不上浇筑节奏等带来的影响。

码 2-9　视频：三明治外墙赶平

（2）要求：提前写好混凝土申请单（不占用流水节拍），各构件所需混凝土标号要准确，不能混搭；布料均匀，振捣完全后，混凝土上表面与侧模上沿需保持在同一个平面，不允许高于或低于侧模上沿；混凝土倾落高度不宜大于 600 mm，并应均匀摊铺；混凝土浇筑应连续进行；混凝土从出机到浇筑完毕的延续时间，气温高于 25 ℃时，不宜超过 60 min，气温不高于 25 ℃时，不宜超过 90 min。

7）保温板、拉结件安装

（1）操作方法：在第一次混凝土振捣完成后从左往右拼装保温板，拼装时保温板紧挨模具边，相邻保温板拼接时无缝隙；保温板安装完成后使用玻璃胶和牛皮胶带等将工装件孔洞密封，以防漏浆；保温板长度需使用与模具高度相同的模数，并提前预裁，将工装件预留

码 2-10　视频：预制外墙保温板安装

孔按照图纸尺寸预裁,并将模板编号。在保温板安装完毕后,下层混凝土初凝前将保温拉结件穿过保温板插入到下层混凝土中,并使拉结件上的压盖压紧保温板。

(2)要求:拉结件与孔之间的空隙使用玻璃胶封堵严实;挤塑板铺装完成后无凹凸不平的地方;保温板铺装完成后,要使用橡胶锤敲打,以增强与混凝土的粘贴力。

8)外叶板钢筋网片安装

(1)操作方法:将保温拉结件面层弯曲钢筋穿插在相应位置;将对应的钢筋网片放置在外叶板内,避开机电预埋,若预埋件孔洞较大,需在洞口附近增加加强钢筋;将保温连接件穿插钢筋放置于相应位置,将其用扎丝固定,将针式连接件安插在相应位置,并将网片垫上胶砖。

码 2-11　视频:预制外墙外叶墙钢筋网片安装

(2)要求:安装过程中应避免碰到防腐木砖及连接件;钢筋骨架按照图纸的指定位置安放,与侧模的保护层厚度符合图纸要求,外露钢筋数量、尺寸符合图纸要求。

9)外叶板混凝土浇筑

(1)操作方法:搅拌站做好开盘记录,并安排施工员检查混凝土坍落度是否符合要求,过大或过小均不允许使用;布料机操作工将混凝土均匀浇筑于模具中,在混凝土基本达到构件厚度要求时停止下料;布料机操作工打开振动台,进行振动,振动时间约 30 s,振动频率 50 Hz,振捣均匀后停止振捣;浇筑时要注意控制尾料,避免混凝土不够或者偏多、后续模台跟不上浇筑节奏等带来的影响。

(2)要求:布料均匀,振捣完全后,混凝土上表面与侧模上沿需保持在同一个平面,不允许高于或低于侧模上沿;振动均匀,混凝土内无残留气泡。

10)初平及模台清理

(1)操作方法:浇筑完成后模台运行至初平工位,先用测量工具测量混凝土厚度,无误后人工用塑料抹子或者木抹子拍压混凝土表面石子,将石子拍压下去,直至表面出混凝土浆;使用铝合金水平靠尺以模具底边和窗内胆边为参考点进行初平;将模具剪刀板处漏出的混凝土浆用高压水枪冲洗干净,并清理掉模台面上的混凝土和泥浆,用拖把将模台面上剩余的水渍拖干净,以免模台在蒸养过程中生锈;冲洗结束后需将场地清理干净,并将沉淀池内的水泥渣清理完,以免泥浆流入排水沟。

(2)要求:混凝土面不高于模具底板和窗内胆上沿,表面基本平整,无外露石子,无凹凸现象。

11)混凝土预养护

(1)操作方法:构件赶平作业完成后,通知预养护窑操作工,打开预养护窑将构件连同模台一起放入;在构件预养时间达到 2~6 h 后(以当日气温等因素决定具体时间),将其放出预养护窑,进行收光作业;要控制好构件进入预养护窑的时间节拍,可将干湿程度不同的构件分两列入窑。

(2)要求:冬季养护温度在 20~40 ℃,需 2~2.5 h,春秋季需 0.5~1 h,夏季天气炎热时可不进行预养护;每隔半小时观察一次混凝土凝固程度;构件出窑后达到进行收光作业的要求。

12）收光、拉毛、拆卸铝模棒

（1）操作方法：用铁抹子反复搓压其表面，反复 2~3 次，直到达到拉毛条件，并清理掉模具边和窗内胆边的混凝土；在混凝土凝固到表面无明显水渍时，利用适当宽度的工业刷或者猪毛刷均匀拉毛处理，拉毛时需注意线条的连贯性和笔直度；拉毛完成后需拆除产品内工装件，工装件拆除过程中需将圆形棒体在孔洞中来回套弄一次，以保证孔洞的圆形完整；当所有程序完成后，用塑料薄膜将产品覆盖保湿。

码 2-12　视频：预制外墙混凝土收光、拉毛

（2）要求：混凝土收光面的抹平工作应在水泥初凝前完成；混凝土收光面不应有裂纹、脱皮、麻面、起砂等缺陷。

13）混凝土养护

（1）操作方法：检查堆码机各部件功能是否正常，将收光完成后的构件连同模台驶入堆码机进窑通道，启动堆码机入库程序，从下而上依次堆放模台，并做好编号记录；当日所有构件都进入养护窑各库后，通知锅炉工进行蒸汽作业，输送蒸汽。

（2）要求：堆垛作业在 15 min 之内完成，冬天蒸养需要 6 h，夏天自然养护 12 h，具体时间根据班次安排，夏天两班次则蒸养 4~5 h；随时观察每个养护单元内的温度、湿度情况，及时作出调整。

混凝土养护应根据预制构件特点和生产任务量选择自然养护、自然养护加养护剂或加热养护方式。混凝土浇筑完毕或压面工序完成后应及时覆盖保湿，脱模前不得揭开；涂刷养护剂应在混凝土终凝后进行。预制构件厂一般采用蒸汽养护，控制好构件养护静停、升温、恒温、降温时间段，加热养护制度应通过试验确定，宜采用加热养护温度自动控制装置。宜在常温下预养护 2~6 h，然后将构件连同模台一起放入养护窑内，升、降温速度不宜超过 20 ℃/h，最高养护温度不宜超过 70 ℃，预制构件脱模时的表面温度与环境温度的差值不宜超过 25 ℃。

14）拆模

（1）操作方法：拆模之前需做同条件试块的抗压试验，或者强度回弹检测，构件强度达到设计强度的 75%且 15 MPa 以上，方可拆模；按“先装后拆、后装先拆”的原则拆卸模具，先拆除侧边模具，再拆除顶部模具，最后拆除套筒塞；门洞位置安装横撑，防止构件吊装开裂变形；在构件吊离模台后，模台连同拆卸下来的模具通过流水线转到清模打油工位。

码 2-13　视频：预制外墙拆模

（2）要求：模具以及套筒吸盘、压杆全部拆卸到位，构件与模台无连接；减少模具拆卸过程中对模具的敲打、损伤；拆模前构件强度达到设计强度的 75%且 15 MPa 以上，方可拆模；拆模后构件完好，模具无变形。

15）转运、洗水、验收、入库

（1）操作方法：冲洗构件粗糙面时，水枪与洗水粗糙面距离不得小于 1.5 m；灌浆套筒和波纹管内部必须冲洗干净，确保灌浆套筒和波纹管内无混凝土堵塞；在产品转运时需将

产品表面的水泥浆冲洗干净；冲洗结束后清除洗水房地面混凝土，做到工完场清；构件表面缺陷应及时修补，通过验收后粘贴标识入库存放。

（2）要求：粗糙面完全露出，粗骨料露出表面≥6 mm；洗水完成后的墙板表面无混凝土残渣。

知识点3："1+X"装配式建筑构件制作与安装职业技能等级证书考试

1."1+X"证书简介

为落实《国家职业教育改革实施方案》精神，2019年4月，教育部、国家发展改革委、财政部、市场监管总局联合印发了《关于在院校实施"学历证书+若干职业技能等级证书"制度试点方案》，正式启动"学历证书+若干职业技能等级证书"（简称"1+X"证书）制度试点工作。

"1"是学历证书，指的是学生在完成了学制系统内一定教育阶段的学习任务后获得的文凭；"X"是若干职业技能等级证书，指的是学生在获得学历证书的同时，还取得了多类职业技能的等级证书。"1+X"证书是国家职业教育的一项基本制度，也是构建职教发展模式的一项制度创新。

2."1+X"装配式建筑构件制作与安装职业技能等级证书考试简介

"1+X"装配式建筑构件制作与安装职业技能等级证书分为初级、中级和高级三个级别。

1）报考条件

初级证书报考条件：在校生，需要具备建筑相关专业中等职业及以上学历；从业人员，需要具备中等职业及以上学历并从事装配式建筑工程相关工作一年及以上。

中级证书报考条件：在校生，需要具备建筑相关专业高等职业及以上学历；从业人员，需要具备初级认证证书并从事装配式建筑工程相关工作三年及以上，或具备高等职业教育学历并从事装配式建筑相关工作一年及以上。

高级证书报考条件：在校生，需要具备建筑相关专业应用型本科及以上学历；从业人员，需要具备中级认证证书并从事装配式建筑工程相关工作三年及以上，或具有应用型本科及以上学历并从事装配式建筑工程相关工作一年及以上。

2）考评流程

考生到具备考试资格的考点报名，参加科目一考试。科目一考试为在线机考，成绩60分及以上为合格。科目一考试合格后方可参加科目二考核，科目二为实操考核，成绩60分以上为合格。科目一和科目二两项考核合格后可取得相应级别的考核证书。科目一、科目二考核成绩有效期为两个日历年度，成绩管理实行两年为一个周期的滚动管理办法。

初级证书科目一为两大模块：理论考核和岗位技能模拟考核，考试时间90 min；中级证书科目一为三个模块：理论考核、岗位技能模拟考核和构件深化设计，考试时间120 min；高级科目一为三个模块：理论考核、仿真考核和专项设计，考试时间150 min。

科目二的三级证书考核内容一致，为四个项目：构件制作、构件安装、构件灌浆和密封防水，具体考核内容要求见表2-3。

表 2-3　科目二考核内容

<table>
<tr><th>序号</th><th>考核项目</th><th>考核内容</th><th>参考时间</th><th>考核方式</th><th>备注</th></tr>
<tr><td>1</td><td>构件制作</td><td>模具组装、钢筋绑扎与预埋件安装(梁/柱/板/墙)</td><td>叠合板制作约 60 min,内墙板制作约 90 min,预制梁和预制柱制作 60~90 min,根据抽签结果确定制作构件类型</td><td rowspan="3">分组考试,单人评分</td><td>必考项</td></tr>
<tr><td>2</td><td>构件安装</td><td>剪力墙外墙板吊装及连接/外挂墙板吊装</td><td>90 min</td><td rowspan="3">三选一,抽签决定</td></tr>
<tr><td>3</td><td>构件灌浆</td><td>套筒灌浆(剪力墙)</td><td>90 min</td></tr>
<tr><td>4</td><td>密封防水</td><td>外墙十字缝接缝防水施工</td><td>30 min</td><td>单人操作,单人评定</td></tr>
</table>

3)备注说明

(1)构件制作:必考项,4 人/组。考试工位需满足参加考试人数要求。考生数量不是 4 的整数倍时,可安排辅考人员参加分组考试,保证考位数量与考生数量(含辅考人员)相匹配。

(2)装配施工:可选项,构件安装(4 人/组)、构件灌浆(3 人/组)、密封防水(1 人/组)3 选 1,考前抽签确定。考位数量在满足分组要求的情况下,与考生数量相等。每场考试时,装配施工的三个考项均需要设置考位。原则上装配施工考试项目按照人数进行考试批次安排,不安排辅考人员。若抽签后报名考生未能参加考试,经考试组同意后,辅考人员作为替补参与考试,缺考考生成绩按不合格处理。

3."1+X"装配式建筑构件制作与安装职业技能等级证书考试科目二评分标准

构件制作实操评分记录表见表 2-4~表 2-7。

码 2-14　视频:构件制作实操流程教学

表 2-4 “构件制作——1 号考核人员”实操评分记录表

考核人员： 考核编号： 考场： 考核时间：

一、主导考核项(70 分)

序号	考核项	考核内容(工艺流程+质量控制+组织协调+安全生产)		评分标准	分值	评分	说明
1	生产前准备(35 分)	劳保用品准备	佩戴安全帽	(1)内衬圆周大小调节到头部稍有约束感为宜。 (2)系好下颚带，下颚带应紧贴下颚，松紧以下颚有约束感，但不难受为宜。 均满足以上要求可得满分，否则不得分	3		
			穿戴劳保工装、防护手套	(1)劳保工装做到“统一、整齐、整洁”，并做到“三紧”，即领口紧、袖口紧、下摆紧，严禁卷袖口、卷裤腿等现象。 (2)必须正确佩戴手套，方可进行实操考核。 均满足以上要求可得满分，否则不得分	3		
		领取工具	根据生产工艺选择工具	发布“领取工具”指令，指挥主操人员领取全部工具。满足以上要求可得满分，否则不得分	4		
		领取模具	依据图纸进行模具选型	发布“领取模具”指令，指挥主操人员正确使用工具(钢卷尺、游标卡尺)领取模具。满足以上要求可得满分，否则不得分	4		
			模具清理	发布“模具清理”指令，指挥主操人员正确使用工具(抹布)清理模具。满足以上要求可得满分，否则不得分	2		
		领取钢筋	依据图纸进行钢筋选型(规格、加工尺寸、数量)	发布“领取钢筋”指令，指挥主操人员正确使用工具(钢卷尺、游标卡尺)选型，领取钢筋。满足以上要求可得满分，否则不得分	4		
			钢筋清理	发布“钢筋清理”指令，指挥主操人员正确使用工具(抹布)清理钢筋。满足以上要求可得满分，否则不得分	2		

续表 2-4

一、主导考核项(70分)							
序号	考核项	考核内容(工艺流程+质量控制+组织协调+安全生产)		评分标准	分值	评分	说明
1	生产前准备(35分)	领取预埋件	依据图纸进行预埋件选型(吊件、套筒及配管、线盒、PVC管等)及数量确定	发布“领取预埋件”指令,指挥主操人员领取预埋件。满足以上要求可得满分,否则不得分	4		
		领取辅材	辅材选型(扎丝、垫块、波胶、套筒固定锁等)及数量确定	发布“领取辅材”指令,指挥主操人员根据图纸领取辅材。满足以上要求可得满分,否则不得分	4		
		卫生检查及清理	生产场地卫生检查及清扫	发布场地检查指令,指挥主操人员使用工具(扫把)规范清理场地。满足以上要求可得满分,否则不得分	3		
			模台清理	发布模台清理指令,并能指挥主操人员使用工具(扫把)规范清理模台。满足以上要求可得满分,否则不得分	2		
2	质量控制(20分)	工具选择	工具选择合理、数量准确	生产前准备质量控制贯穿整个考核过程。若后面操作过程中发现工具、模具、钢筋、预埋件、辅材等型号和数量有误,则返回到此项扣分。满足要求得满分,否则不得分	3		
		模具选型	模具选型合理、数量准确		3		
		钢筋选型	钢筋选型合理、数量准确		4		
		预埋件选型	预埋件选型合理、数量准确		3		
		辅材选择	辅材选型合理、数量准确		3		
		卫生检查	场地干净清洁		2		
			模台干净清洁		2		

续表 2-4

一、主导考核项(70分)

序号	考核项	考核内容(工艺流程+质量控制+组织协调+安全生产)	评分标准	分值	评分	说明
3	组织协调(15分)	指令明确	指令明确,口齿清晰,无明显错误得满分,否则不得分	5		
		分工合理	分工合理,无窝工或分工不均情况得满分,否则不得分	5		
		纠正错误操作	及时纠正主操人员错误操作,并给出正确指导得满分,否则不得分	5		
4	安全生产	生产过程中严格按照安全文明生产规定操作,无恶意损坏工具、原材料且无因操作失误造成考试干系人伤害等行为	出现严重损坏设备、伤人事件,判定对应操作人员和主导人员不合格	合格/不合格/扣分		1号不合格/2号不合格/3号不合格/4号不合格/扣分,此处可多选
			出现危险操作,主导人员未制止,判定主导人员和对应主操人员不合格			

二、主操考核项(30分)

序号	考核项	考核内容(团队协作+工艺实操)	评分标准	分值	评分	说明
1	模具组装(10分)	按照主导人指令完成工艺操作	(1)服从指挥,配合其他人员得5分。 (2)能正确使用工具和材料,按照主导人指令完成工艺操作得5分。满分10分,全部符合得10分,一项符合得5分,都不符合不得分	10/5/0		当主导人员指挥有误,如选取工具或材料错误,主操人员不能提醒,按照指令执行即可。此时扣主导人员分数,不扣主操人员分数
2	钢筋绑扎与预埋件安装(10分)			10/5/0		
3	质量检验与工完料清(10分)			10/5/0		
总分	100	考核结果	合格/不合格	合计		

考官签字:

表 2-5　“构件制作——2 号考核人员”实操评分记录表

考核人员：　　　　考核编号：　　　　考场：　　　　考核时间：

一、主导考核项(70 分)

序号	考核项	考核内容(工艺流程+质量控制+组织协调+安全生产)	评分标准	分值	评分	说明
1	模具组装工艺流程(35 分)	依据图纸在模台进行划线	发布“划线”指令，指挥主操人员正确使用划线工具(墨盒、钢卷尺、角尺、铅笔)，线盒加水，规范划线。满足以上要求可得满分，否则不得分	6		
		依据模台划线位置进行模具摆放	发布“模具摆放”指令，指挥主操人员根据划线正确摆放模具。满足以上要求可得满分，否则不得分	6		
		模具初固定操作	发布“模具初固定”指令，指挥主操人员正确使用工具(扳手、螺栓)，相邻模具初固定，墙板固定端直接终固定。满足以上要求可得满分，否则不得分	5		
		模具测量校正	发布“模具测量校正”指令，指挥主操人员正确使用工具(钢卷尺、塞尺、钢直尺、橡胶锤等)，检测模具组装长度、宽度、高(厚)度、对角线、组装缝隙、模具间高低差等是否符合要求，若超出误差范围则用橡胶锤进行调整。满足以上要求可得满分，否则不得分	8		
		模具终固定操作	发布“模具终固定”指令，指挥主操人员正确使用工具(橡胶锤、磁盒、扳手)，依次终固定螺栓和磁盒。满足以上要求可得满分，否则不得分	5		
		模台、模具涂刷脱模剂/缓凝剂	发布“模台、模具涂刷脱模剂/缓凝剂”指令，指挥主操人员正确使用工具(滚筒)，先涂刷模具，再涂刷模台。根据不同构件类型选择不同材料(脱模剂/缓凝剂)，模台涂刷脱模剂，内剪力墙、叠合板模具涂刷缓凝剂，梁、柱模具涂刷脱模剂和缓凝剂。满足以上要求可得满分，否则不得分	5		

续表 2-5

<table>
<tr><th colspan="8">一、主导考核项(70 分)</th></tr>
<tr><th>序号</th><th>考核项</th><th colspan="2">考核内容(工艺流程+质量控制+组织协调+安全生产)</th><th>评分标准</th><th>分值</th><th>评分</th><th>说明</th></tr>
<tr><td rowspan="9">2</td><td rowspan="9">质量控制(20 分)</td><td>模具选型</td><td>模具选型合理、数量准确</td><td rowspan="3">模具终固定后由 4 号考核人员主导“模具组装质量检验”,根据测量数据判断是否符合模具组装标准,在误差范围内得满分,否则不得分(综合考虑设备和模具匹配精度问题,建议适当放大允许误差范围 2~3 倍,但构件实际生产过程中允许误差范围严格按照国家标准执行)</td><td>2</td><td></td><td rowspan="9">参照《装配式混凝土建筑技术标准》(GB/T 51231—2016)表 9.3.3</td></tr>
<tr><td rowspan="2">模具固定</td><td>磁盒固定牢固、无松动</td><td>2</td><td></td></tr>
<tr><td>相邻模具固定牢固、无松动</td><td>2</td><td></td></tr>
<tr><td rowspan="6">模具组装</td><td>长度误差范围(1 mm,-2 mm)</td><td></td><td>2</td><td></td></tr>
<tr><td>宽度误差范围(1 mm,-2 mm)</td><td></td><td>2</td><td></td></tr>
<tr><td>高(厚)度误差范围(5 mm,-3 mm)</td><td></td><td>2</td><td></td></tr>
<tr><td>对角线差误差范围(3 mm)</td><td></td><td>3</td><td></td></tr>
<tr><td>组装缝隙误差范围(1 mm)</td><td></td><td>3</td><td></td></tr>
<tr><td>模具间高低差误差范围(1 mm)</td><td></td><td>2</td><td></td></tr>
<tr><td rowspan="3">3</td><td rowspan="3">组织协调(15 分)</td><td colspan="2">指令明确</td><td>指令明确,口齿清晰,无明显错误得满分,否则不得分</td><td>5</td><td></td><td rowspan="3"></td></tr>
<tr><td colspan="2">分工合理</td><td>分工合理,无窝工或分工不均情况得满分,否则不得分</td><td>5</td><td></td></tr>
<tr><td colspan="2">纠正错误操作</td><td>及时纠正主操人员错误操作,并给出正确指导得满分,否则不得分</td><td>5</td><td></td></tr>
</table>

续表 2-5

<table>
<tr><td colspan="8">一、主导考核项(70 分)</td></tr>
<tr><td>序号</td><td>考核项</td><td colspan="2">考核内容(工艺流程+质量控制+组织协调+安全生产)</td><td>评分标准</td><td>分值</td><td>评分</td><td>说明</td></tr>
<tr><td rowspan="2">4</td><td rowspan="2">安全生产</td><td colspan="2" rowspan="2">生产过程中严格按照安全文明生产规定操作,无恶意损坏工具、原材料且无因操作失误造成考试干系人伤害等行为</td><td>出现严重损坏设备、伤人事件,判定对应操作人员和主导人员不合格</td><td rowspan="2">合格/不合格/扣分</td><td rowspan="2"></td><td rowspan="2">1号不合格/2号不合格/3号不合格/4号不合格/扣分,此处可多选</td></tr>
<tr><td>出现危险操作,主导人员未制止,判定主导人员和对应主操人员不合格</td></tr>
<tr><td colspan="8">二、主操考核项(30 分)</td></tr>
<tr><td>序号</td><td>考核项</td><td colspan="2">考核内容(团队协作+工艺实操)</td><td>评分标准</td><td>分值</td><td>评分</td><td>说明</td></tr>
<tr><td>1</td><td>生产前准备(10 分)</td><td colspan="2" rowspan="3">按照主导人员指令完成工艺操作</td><td rowspan="3">(1)服从指挥,配合其他人员得5分。
(2)能正确使用工具和材料,按照主导人员指令完成工艺操作得5分。
满分10分,全部符合得10分,一项符合得5分,都不符合不得分</td><td>10/5/0</td><td></td><td rowspan="3">当主导人员指挥有误,如选取工具或材料错误,主操人员不能提醒,按照指令执行即可,此时扣主导人员分数,不扣主操人员分数</td></tr>
<tr><td>2</td><td>钢筋绑扎与预埋件安装(10 分)</td><td>10/5/0</td><td></td></tr>
<tr><td>3</td><td>质量检验与工完料清(10 分)</td><td>10/5/0</td><td></td></tr>
<tr><td colspan="2">总分</td><td>100</td><td>考核结果</td><td>合格/不合格</td><td>合计</td><td></td><td></td></tr>
<tr><td colspan="8">考官签字:</td></tr>
</table>

表 2-6 “构件制作——3 号考核人员”实操评分记录表

考核人员： 考核编号： 考场： 考核时间：

一、主导考核项(70 分)

序号	考核项	考核内容(工艺流程+质量控制+组织协调+安全生产)		评分标准	分值	评分	说明
1	钢筋绑扎与预埋件安装工艺流程(35 分)	钢筋摆放、绑扎	放置垫块	发布“放置垫块”指令,指挥主操人员正确使用材料(垫块),每间隔约 500 mm 放置一个垫块。满足以上要求可得满分,否则不得分	5		
			依据图纸进行钢筋摆放(受力钢筋、分布钢筋、附加钢筋)	发布“依据图纸进行钢筋摆放”指令,指挥主操人员按照图纸进行受力钢筋、分布钢筋、附加钢筋摆放,正确使用工具(钢卷尺、长度矫正工具)进行摆放矫正。摆放时先控制一个钢筋甩出长度,其他相邻钢筋用校正工具快速校正。满足以上要求可得满分,否则不得分	10		
			钢筋绑扎	发布“钢筋绑扎”指令,指挥主操人员正确使用工具(扎钩、钢卷尺)和材料(扎丝),按规范要求四边满绑,中间 600 mm 梅花边绑扎,边调整钢筋位置。满足以上要求可得满分,否则不得分(考虑时间问题,考评员可根据考生绑扎熟练程度指定绑扎几处)	6		
		埋件预埋	依据图纸进行埋件摆放	发布“埋件摆放”指令,指挥主操人员正确选择埋件并摆放,埋件位置符合图纸要求。满足以上要求得满分,否则不得分	6		
			埋件固定	发布“埋件固定”指令,指挥主操人员正确选择工具[扳手、扎钩(如有)、工装(如有)]和材料[(扎丝(如有)]固定埋件。满足以上要求得满分,否则不得分	4		
		模具开孔封堵		发布“模具开孔封堵”指令,指挥主操人员正确使用材料(封堵材料),封堵模具侧孔,考评员根据操作熟练程度有权指挥考生跳过重复动作,进行下一工序。满足以上要求可得满分,否则不得分	4		

续表 2-6

一、主导考核项(70 分)							
序号	考核项	考核内容(工艺流程+质量控制+组织协调+安全生产)		评分标准	分值	评分	说明
2	质量控制(20 分)	钢筋摆放、绑扎质量	钢筋型号及数量是否正确	“钢筋绑扎与预埋件安装”完成后由 4 号考核人员主导“钢筋绑扎与预埋件安装质量检验”,根据测量数据判断是否符合钢筋绑扎与预埋件安装标准,在误差范围内得满分,否则不得分(构件实际生产过程中允许误差范围严格按照 GB/T 51231—2016 执行)	4		
			绑扎处是否牢固		3		
			钢筋间距误差范围(10 mm,-10 mm)		3		
			外露钢筋长度误差范围(10 mm,0)		3		
		预埋件安装质量	埋件选型合理、数量准确		2		
			安装牢固、无松动		2		
			-10 mm≤安装位置≤10 mm		3		
3	组织协调(15 分)	指令明确		指令明确,口齿清晰,无明显错误得满分,否则不得分	5		
		分工合理		分工合理,无窝工或分工不均情况得满分,否则不得分	5		
		纠正错误操作		及时纠正主操人员错误操作,并给出正确指导得满分,否则不得分	5		

续表 2-6

一、主导考核项(70分)						
序号	考核项	考核内容(工艺流程+质量控制+组织协调+安全生产)	评分标准	分值	评分	说明
4	安全生产	生产过程中严格按照安全文明生产规定操作,无恶意损坏工具、原材料且无因操作失误造成考试干系人伤害等行为	出现严重损坏设备、伤人事件,判定对应操作人员和主导人员不合格	合格/不合格/扣分		1号不合格/2号不合格/3号不合格/4号不合格/扣分,此处可多选
			出现墙板碰撞、手放置于墙底等一般危险行为,则对对应人扣10分,主导人员制止则不扣分,未提前干预或制止则对主导人员扣10分,上不封顶			

二、主操考核项(30分)						
序号	考核项	考核内容(团队协作+工艺实操)	评分标准	分值	评分	说明
1	生产前准备(10分)	按照主导人指令完成工艺操作	(1)服从指挥,配合其他人员得5分。 (2)能正确使用工具和材料,按照主导人指令完成工艺操作得5分。 满分10分,全部符合得10分,一项符合得5分,都不符合不得分	10/5/0		当主导人员指挥有误,如选取工具或材料错误,主操人员不能提醒,按照指令执行即可。此时扣主导人员分数,不扣主操人员分数
2	模具组装(10分)			10/5/0		
3	质量检验与工完料清(10分)			10/5/0		
总分	100	考核结果	合格/不合格	合计		

考官签字:

表 2-7　“构件制作——4 号考核人员”实操评分记录表

考核人员：　　　考核编号：　　　考场：　　　考核时间：

<table>
<tr><th colspan="8">一、主导考核项(70 分)</th></tr>
<tr><th>序号</th><th>考核项</th><th colspan="2">考核内容(工艺流程+质量控制+组织协调+安全生产)</th><th>评分标准</th><th>分值</th><th>评分</th><th>说明</th></tr>
<tr><td rowspan="5">1</td><td rowspan="5">质量检验工艺流程(27 分)</td><td rowspan="4">模具组装质量检验</td><td>模具选型检验</td><td>发布“模具选型检验”指令,指挥主操人员正确使用检验工具(钢卷尺)按照图纸检验模具型号是否正确。满足以上要求可得满分,否则不得分</td><td>2</td><td></td><td>若检验不正确,则对 1 号考生质量控制中“模具选型”考核项扣分</td></tr>
<tr><td>模具固定检验</td><td>发布“模具固定检验”指令,指挥主操人员正确使用检验工具(橡胶锤)检验模具固定是否牢固。满足以上要求可得满分,否则不得分(考评员需监督查看)</td><td>2</td><td></td><td>若检验模具组装不牢固,则对 2 号考生质量控制中“模具固定”考核项扣分</td></tr>
<tr><td>模具组装尺寸检验</td><td>发布“模具组装尺寸检验”指令,指挥主操人员正确使用工具(钢卷尺、塞尺、钢直尺等),参照 2 号考生模具质量控制标准检测模具组装长度、宽度、高(厚)度、对角线、组装缝隙、模具间高低差等是否符合要求。满足以上要求可得满分,否则不得分(考评员需监督查看)</td><td>2</td><td></td><td>若超出误差范围则对 2 号考生质量控制中“模具组装”考核项扣分</td></tr>
<tr><td>模具组装质量检验表填写</td><td>根据实际测量数据,规范填写“模具组装质量检验表”。满足以上要求可得满分,否则不得分</td><td>3</td><td></td><td>“模具组装质量检验表”内容和 2 号考生一致,提前打印并发给考生</td></tr>
<tr><td>钢筋绑扎质量检验</td><td>钢筋选型及摆放检验</td><td>发布“钢筋选型及摆放检验”指令,指挥主操人员正确使用工具(钢卷尺、游标卡尺),根据图纸钢筋表检验钢筋型号是否正确。满足以上要求可得满分,否则不得分(考评员需监督查看)</td><td>2</td><td></td><td>若检验钢筋型号不在此构件出现,则对 1 号考生质量控制中“钢筋领料”考核项扣分。若检验钢筋摆错位置,则对 3 号考生质量控制中“钢筋摆放位置准确”考核项扣分</td></tr>
</table>

续表 2-7

一、主导考核项(70分)							
序号	考核项	考核内容(工艺流程+质量控制+组织协调+安全生产)		评分标准	分值	评分	说明
1	质量检验工艺流程(27分)	钢筋绑扎质量检验	钢筋绑扎检验	发布"钢筋绑扎检验"指令,指挥主操人员检验2~3处绑扎点是否牢固。满足以上要求可得满分,否则不得分(考评员需监督查看)	2		若检验有钢筋绑扎不牢固情况,则对3号考生质量控制中"绑扎处是否牢固"考核项扣分
			钢筋成品尺寸检验	发布"钢筋成品尺寸检验"指令,指挥主操人员正确使用工具(钢卷尺),根据图纸检验钢筋间距和外露钢筋是否符合要求。满足以上要求可得满分,否则不得分(抽检1处,考评员需监督查看)	2		若检验有钢筋成品尺寸不合格情况,则对3号考生质量控制中"钢筋间距"和"外露钢筋长度"考核项扣分
			钢筋绑扎质量检验表填写	根据实际测量数据,规范填写"钢筋绑扎质量检验表"。满足以上要求可得满分,否则不得分(考评员需监督查看)	3		"钢筋摆放绑扎质量检验表"内容和3号考生质量控制内容一致,提前打印并发给考生

续表 2-7

一、主导考核项(70分)							
序号	考核项	考核内容(工艺流程+质量控制+组织协调+安全生产)		评分标准	分值	评分	说明
1	质量检验工艺流程(27分)	埋件固定质量检验	埋件选型检验	发布"埋件选型检验"指令,指挥主操人员肉眼观察型号是否符合图纸要求。满足以上要求可得满分,否则不得分(考评员需监督查看)	2		若检验不正确,则对3号考生质量控制中"埋件选型合理、数量准确"考核项扣分
			埋件位置检验	发布"埋件位置检验"指令,指挥主操人员正确使用工具(钢卷尺)检验埋件位置是否符合图纸要求。满足以上要求可得满分,否则不得分(抽检1处,考评员需监督查看)	2		若检验不正确,则对3号考生质量控制中"安装位置"考核项扣分
			埋件固定检验	发布"埋件固定检验"指令,指挥主操人员检验埋件固定是否牢固。满足以上要求可得满分,否则不得分(考评员需监督查看)	2		若检验不正确,则对3号考生质量控制中"安装牢固、无松动"考核项扣分
			预埋件检验表填写	根据实际测量数据,规范填写"预埋件检验表"。满足以上要求可得满分,否则不得分	3		"预埋件检验表"内容和3号考生质量控制内容一致,提前打印并发给考生

续表 2-7

一、主导考核项(70 分)							
序号	考核项	考核内容(工艺流程+质量控制+组织协调+安全生产)		评分标准	分值	评分	说明
2	工完料清工艺流程(8 分)	拆除复位考核设备	拆除并复位埋件	发布"拆除并复位埋件"指令,指挥主操人员正确使用工具(扳手)依据先装后拆的原则拆除埋件,并将埋件放置于原位。满足以上要求可得满分,否则不得分	1		
			拆除并复位钢筋	发布"拆除并复位钢筋"指令,指挥主操人员正确使用工具(钢丝钳)依据先装后拆的原则拆除钢筋,并放置于原位。满足以上要求可得满分,否则不得分	2		
			拆除并复位模具	发布"拆除并复位模具"指令,指挥主操人员正确使用工具(扳手、撬棍)依据先装后拆的原则拆除磁盒、螺栓,并将模具放置于原位。满足以上要求可得满分,否则不得分	2		
		工具入库		发布"工具入库"指令,指挥主操人员清点工具,对需要保养的工具(如工具污染、损坏)进行保养或交于工作人员处理。满足以上要求可得满分,否则不得分	1		
		材料回收		发布"材料回收"指令,指挥主操人员清点可重复利用材料,分门别类放回原处。满足以上要求得满分,否则不得分	1		
		场地清理		发布"场地清理"指令,指挥主操人员正确使用工具(扫把)清理模台和地面,不得有垃圾(扎丝),清理完毕后归还清理工具。满足以上要求可得满分,否则不得分	1		

续表 2-7

<table>
<tr><th colspan="8">一、主导考核项(70 分)</th></tr>
<tr><th>序号</th><th>考核项</th><th colspan="2">考核内容(工艺流程+质量控制+组织协调+安全生产)</th><th>评分标准</th><th>分值</th><th>评分</th><th>说明</th></tr>
<tr><td rowspan="9">3</td><td rowspan="9">质量控制(20 分)</td><td colspan="2">模具尺寸检查表填写质量</td><td rowspan="3">填写数据规范完整,不得漏填、错填。满足以上要求得满分,否则不得分</td><td>3</td><td></td><td rowspan="9"></td></tr>
<tr><td colspan="2">钢筋隐蔽工程检查表填写质量</td><td>3</td><td></td></tr>
<tr><td colspan="2">预埋件检查表填写质量</td><td>3</td><td></td></tr>
<tr><td rowspan="3">设备复位质量</td><td>埋件复位</td><td rowspan="3">拆除设备需放置于原位,分类明确,摆放整齐。满足以上要求得满分,否则不得分</td><td>2</td><td></td></tr>
<tr><td>钢筋复位</td><td>2</td><td></td></tr>
<tr><td>模具复位</td><td>2</td><td></td></tr>
<tr><td colspan="2">工具入库</td><td>归还工具放置于原位,分类明确,摆放整齐,满足以上要求得满分,否则不得分</td><td>2</td><td></td></tr>
<tr><td colspan="2">材料回收</td><td>回收可再利用材料,放置于原位,分类明确,摆放整齐。满足以上要求得满分,否则不得分</td><td>2</td><td></td></tr>
<tr><td colspan="2">场地清理</td><td>场地和模台清洁干净,无垃圾(扎丝)。满足以上要求得满分,否则不得分</td><td>1</td><td></td></tr>
<tr><td rowspan="3">4</td><td rowspan="3">组织协调(15 分)</td><td colspan="2">指令明确</td><td>指令明确,口齿清晰,无明显错误得满分,否则不得分</td><td>5</td><td></td><td rowspan="3"></td></tr>
<tr><td colspan="2">分工合理</td><td>分工合理,无窝工或分工不均情况得满分,否则不得分</td><td>5</td><td></td></tr>
<tr><td colspan="2">纠正错误操作</td><td>及时纠正主操人员错误操作,并给出正确指导得满分,否则不得分</td><td>5</td><td></td></tr>
<tr><td rowspan="2">5</td><td rowspan="2">安全生产</td><td colspan="2" rowspan="2">生产过程中严格按照安全文明生产规定操作,无恶意损坏工具、原材料且无因操作失误造成考试干系人伤害等行为</td><td>出现严重损坏设备、伤人事件,判定对应操作人和主导人不合格</td><td rowspan="2">合格/不合格/扣分</td><td rowspan="2"></td><td rowspan="2">1号不合格/2 号不合格/3 号不合格/4号不合格/扣分,此处可多选</td></tr>
<tr><td>出现墙板碰撞、手放置于墙底等一般危险行为,则对对应人扣10 分,主导人制止则不扣分,未提前干预或制止则对主导人扣 10 分,上不封顶</td></tr>
</table>

续表 2-7

<table>
<tr><td colspan="8">二、主操考核项(30分)</td></tr>
<tr><td>序号</td><td>考核项</td><td colspan="2">考核内容(团队协作+工艺实操)</td><td>评分标准</td><td>分值</td><td>评分</td><td>说明</td></tr>
<tr><td>1</td><td>生产前准备(10分)</td><td colspan="2" rowspan="3">按照主导人指令完成工艺操作</td><td rowspan="3">(1)服从指挥,配合其他人员得5分;
(2)能正确使用工具和材料,按照主导人员指令完成工艺操作得5分。满分10分,全部符合得10分,一项符合得5分,都不符合不得分</td><td>10/5/0</td><td></td><td rowspan="3">当主导人员指挥有误,如选取工具或材料错误,主操人员不能提醒,按照指令执行即可。此时扣主导人员分数,不扣主操人员分数</td></tr>
<tr><td>2</td><td>模具组装(10分)</td><td>10/5/0</td><td></td></tr>
<tr><td>3</td><td>钢筋绑扎与预埋件安装(10分)</td><td>10/5/0</td><td></td></tr>
<tr><td colspan="2">总分</td><td>100</td><td>考核结果</td><td>合格/不合格</td><td>合计</td><td></td><td></td></tr>
<tr><td colspan="8">考官签字:</td></tr>
</table>

2.9 评价反馈

学生进行自评,评价自己是否能完成预制叠合板、预制外墙板生产工艺的学习,是否能按时完成报告等实训成果资料,有无任务遗漏。老师对学生的评价内容包括:报告书写是否工整规范,报告内容数据是否正确、真实合理,阐述是否详细、认识体会是否深刻,实验结果分析是否合理,是否起到实训的作用。

(1)学生进行自我评价,并将结果填入表 2-8 学生自评表中。

表 2-8 学生自评表

班级：	姓名： 学号：		
学习情境 2	装配式混凝土构件生产		
评价项目	评价标准	分值	得分
预制构件生产线的学习	了解预制混凝土构件生产线种类，每种生产线的优点、缺点和适用范围	10	
预制叠合板图纸识读	能正确识读预制叠合板尺寸大小、厚度、粗糙面做法，叠合板钢筋布置，预埋件种类及安装位置	5	
叠合板生产工艺流程	掌握叠合板生产前的准备工作内容，材料进场检验方法，材料种类和数量的计算，叠合板生产过程需要用到的工具、辅助材料、设备种类和数量，叠合板主要生产工艺流程和要求	15	
预制外墙板图纸识读	能正确识读预制外墙板各组成部分的尺寸、厚度，钢筋的型号、长度、形状和数量，预埋件的位置、型号、数量，粗糙面的做法	5	
预制外墙板生产工艺流程	掌握预制外墙板生产前的准备工作内容，材料进场检验方法，材料种类和数量的计算，外墙板生产过程需要用到的工具、辅助材料、设备种类和数量，主要生产工艺流程和要求	15	
工作态度	态度端正，无缺勤、迟到、早退现象	10	
工作质量	能按计划完成工作任务，质量较好	10	
协调能力	与小组成员、同学之间能合作交流，协调工作	10	
职业素质	能做到安全生产、文明施工、保护环境、爱护公共设施	10	
创新意识	能通过各种途径和手段自主解决问题	10	
合计		100	

(2)学生以小组为单位,对以上学习情境的过程与结果进行互评,将互评结果填入表 2-9 学生互评表中。

表 2-9　学生互评表

<table>
<tr><td colspan="2">学习情境 2</td><td colspan="14">装配式混凝土构件生产</td></tr>
<tr><td rowspan="2">评价项目</td><td rowspan="2">分值</td><td rowspan="2" colspan="8">等级</td><td colspan="6">评价对象(组别)</td></tr>
<tr><td>1</td><td>2</td><td>3</td><td>4</td><td>5</td><td>6</td></tr>
<tr><td>计划合理</td><td>8</td><td>优</td><td>8</td><td>良</td><td>7</td><td>中</td><td>6</td><td>差</td><td>4</td><td></td><td></td><td></td><td></td><td></td><td></td></tr>
<tr><td>方案准确</td><td>8</td><td>优</td><td>8</td><td>良</td><td>7</td><td>中</td><td>6</td><td>差</td><td>4</td><td></td><td></td><td></td><td></td><td></td><td></td></tr>
<tr><td>团队合作</td><td>8</td><td>优</td><td>8</td><td>良</td><td>7</td><td>中</td><td>6</td><td>差</td><td>4</td><td></td><td></td><td></td><td></td><td></td><td></td></tr>
<tr><td>组织有序</td><td>8</td><td>优</td><td>8</td><td>良</td><td>7</td><td>中</td><td>6</td><td>差</td><td>4</td><td></td><td></td><td></td><td></td><td></td><td></td></tr>
<tr><td>工作质量</td><td>8</td><td>优</td><td>8</td><td>良</td><td>7</td><td>中</td><td>6</td><td>差</td><td>4</td><td></td><td></td><td></td><td></td><td></td><td></td></tr>
<tr><td>工作效率</td><td>8</td><td>优</td><td>8</td><td>良</td><td>7</td><td>中</td><td>6</td><td>差</td><td>4</td><td></td><td></td><td></td><td></td><td></td><td></td></tr>
<tr><td>工作完整</td><td>10</td><td>优</td><td>10</td><td>良</td><td>8</td><td>中</td><td>6</td><td>差</td><td>5</td><td></td><td></td><td></td><td></td><td></td><td></td></tr>
<tr><td>工作规范</td><td>16</td><td>优</td><td>16</td><td>良</td><td>13</td><td>中</td><td>10</td><td>差</td><td>8</td><td></td><td></td><td></td><td></td><td></td><td></td></tr>
<tr><td>成果报告</td><td>16</td><td>优</td><td>16</td><td>良</td><td>13</td><td>中</td><td>10</td><td>差</td><td>8</td><td></td><td></td><td></td><td></td><td></td><td></td></tr>
<tr><td>成果展示</td><td>10</td><td>优</td><td>10</td><td>良</td><td>8</td><td>中</td><td>6</td><td>差</td><td>5</td><td></td><td></td><td></td><td></td><td></td><td></td></tr>
<tr><td>合计</td><td>100</td><td colspan="8"></td><td></td><td></td><td></td><td></td><td></td><td></td></tr>
</table>

(3)教师对学生工作过程与工作结果进行评价,并将评价结果填入表 2-10 教师综合评价表中。

表 2-10 教师综合评价表

<table>
<tr><td colspan="6">班级： 姓名： 学号：</td></tr>
<tr><td colspan="2">学习情境 2</td><td colspan="4">装配式混凝土构件生产</td></tr>
<tr><td colspan="2">评价项目</td><td colspan="2">评价标准</td><td>分值</td><td>得分</td></tr>
<tr><td colspan="2">考勤(10%)</td><td colspan="2">不迟到、不早退、不旷课</td><td>10</td><td></td></tr>
<tr><td rowspan="8">工作过程(60%)</td><td>预制构件生产线学习</td><td colspan="2">了解预制混凝土构件生产线种类，每种生产线的优点、缺点和适用范围</td><td>5</td><td></td></tr>
<tr><td>预制叠合板图纸识读</td><td colspan="2">能正确识读预制叠合板尺寸大小、厚度、粗糙面做法，叠合板钢筋布置、预埋件种类及安装位置</td><td>5</td><td></td></tr>
<tr><td>叠合板生产工艺流程学习</td><td colspan="2">掌握叠合板生产前的准备工作内容，材料进场检验方法，材料种类和数量的计算，叠合板生产过程需要用到的工具、辅助材料、设备种类和数量，叠合板主要生产工艺流程和要求</td><td>10</td><td></td></tr>
<tr><td>预制外墙板图纸识读</td><td colspan="2">能正确识读预制外墙板各组成部分的尺寸、厚度，钢筋的型号、长度、形状和数量，预埋件的位置、型号、数量，粗糙面的做法</td><td>10</td><td></td></tr>
<tr><td>预制外墙板生产工艺流程学习</td><td colspan="2">掌握预制外墙板生产前的准备工作内容，材料进场检验方法，材料种类和数量的计算，外墙板生产过程需要用到的工具、辅助材料、设备种类和数量，主要生产工艺流程和要求</td><td>10</td><td></td></tr>
<tr><td>工作态度</td><td colspan="2">态度端正，工作认真主动</td><td>10</td><td></td></tr>
<tr><td>协调能力</td><td colspan="2">与小组成员、同学之间能合作交流，协调工作</td><td>5</td><td></td></tr>
<tr><td>职业素质</td><td colspan="2">能做到安全生产、文明施工、保护环境、爱护公共设施</td><td>5</td><td></td></tr>
<tr><td rowspan="4">项目成果(30%)</td><td>工作完整</td><td colspan="2">能按时完成任务</td><td>5</td><td></td></tr>
<tr><td>工作规范</td><td colspan="2">能按要求步骤识读图纸</td><td>10</td><td></td></tr>
<tr><td>读图报告</td><td colspan="2">能正确识读图纸并高质量完成读图报告</td><td>10</td><td></td></tr>
<tr><td>成果展示</td><td colspan="2">成果报告规范清晰整洁</td><td>5</td><td></td></tr>
<tr><td colspan="4">合计</td><td>100</td><td></td></tr>
<tr><td colspan="2" rowspan="2">综合评价</td><td>自评(20%)</td><td>小组互评(30%)</td><td>教师评价(50%)</td><td>综合得分</td></tr>
<tr><td></td><td></td><td></td><td></td></tr>
</table>

学习情境 3　装配式建筑构件吊装施工

3.1　学习情境描述

装配式建筑的施工包括现浇部分的施工、预制构件的吊装施工和节点的施工。现浇部分的施工同传统的钢筋混凝土建筑施工方法；预制构件的吊装施工和节点的施工不同于传统现浇混凝土建筑施工方法。本学习情境根据施工图纸，制定合理的构件吊装方案，选择合理的吊索和吊具，掌握各种构件的吊装程序和工艺要求、套筒灌浆连接和浆锚连接施工方法。

3.2　学习目标

(1)能够根据不同的构件类型、体积和重量选择合理的吊索和吊具。

(2)掌握钢丝绳、吊链的选择方法、报废标准。

(3)掌握梁式吊具、框式吊具、鸭嘴吊扣、万向吊环、D 形卸扣、弓形卸扣的使用注意事项、适用条件、报废标准。

(4)掌握预制柱、预制内墙板、预制外墙板、预制叠合梁、预制叠合板的吊装工艺流程、要求，能根据施工图对以上构件进行正确的安装操作。

(5)掌握构件灌浆的施工工艺流程和要求。

(6)掌握后浇带的施工工艺流程和要求。

3.3　任务书

识读装配式建筑施工图纸，在实训室完成外挂墙板、内墙吊装施工，并完成剪力墙竖向现浇混凝土接缝的施工。

3.4　任务分组

填写学生任务分配表(见表 3-1)。

表 3-1　学生任务分配表

<table>
<tr><td>班级</td><td colspan="2"></td><td colspan="2">组号</td><td></td><td colspan="2">指导老师</td><td></td></tr>
<tr><td>组长</td><td colspan="2"></td><td colspan="2">学号</td><td></td><td colspan="2"></td><td></td></tr>
<tr><td rowspan="5">组员</td><td colspan="2">姓名</td><td colspan="2">学号</td><td colspan="2">姓名</td><td colspan="2">学号</td></tr>
<tr><td colspan="2"></td><td colspan="2"></td><td colspan="2"></td><td colspan="2"></td></tr>
<tr><td colspan="2"></td><td colspan="2"></td><td colspan="2"></td><td colspan="2"></td></tr>
<tr><td colspan="2"></td><td colspan="2"></td><td colspan="2"></td><td colspan="2"></td></tr>
<tr><td colspan="2"></td><td colspan="2"></td><td colspan="2"></td><td colspan="2"></td></tr>
<tr><td colspan="9">任务分工</td></tr>
</table>

3.5 工作准备

(1)阅读任务书,收集下列图集:

《装配式混凝土结构表示方法及示例(剪力墙结构)》(15G107-1);

《装配式混凝土结构连接节点构造(2015 年合订本)》(G310-1~2)。

(2)认真阅读图纸和图集中有关图纸部分的内容。

(3)查阅有关装配式建筑的施工规范规程。

(4)查阅并掌握"1+X"装配式建筑构件制作与安装职业技能等级证书考试关于构件安装施工和灌浆施工方面的要求。

3.6 思政导引

雄安高铁——交通强国,匠心铸就辉煌

在雄安新区,有一座高铁站名为雄安站,这座站不仅是中国最大的高铁站,而且是北京南站的 1.6 倍之大!雄安站占地面积相当于 66 座足球场,耗资高达 300 亿人民币建成,并于 2020 年 12 月 27 日正式投入使用。雄安站总建筑面积 47.52 万 m^2,以"古淀鼎新、澄碧凝珠"为设计理念,从空中俯瞰形似荷叶上的一滴露珠,寓意"青莲滴露、润泽雄安",是雄安新区对接北京和北京新机场的快速通道,是承载千年大计运输任务、支撑引领国家战略的重要干线。

为打造新时代中国高铁建设的标杆和典范,中国国家铁路集团有限公司在京雄城际铁路固霸特大桥 349 至 380 号墩开展高铁桥梁装配式一体化施工关键技术研究,通过采用预应力管桩、分离式圆端门型结构预制墩身、时速 350 km 高速铁路预制箱梁、预制桥面防护墙和电缆槽,实现高速铁路桥梁装配式一体化应用。

经过大量试验、反复论证、多次实践,926 根直径 1 m 的 PHC 管桩、64 个重达 70 t 的墩柱、32 个重达 104 t 的墩帽和 31 孔重达 900 t 的预制箱梁顺利拼装完成;形成了高速铁路"桥梁预制拼装桥墩施工工法""预制拼装整体式防护墙和电缆槽施工工法"等 3 项工法;编制了"预制拼装桥墩施工质量验收细则""预制拼装防护墙和电缆槽施工质量验收细则"等 5 项标准;申请了"一种拼装式墩身的施工方法""一种铁路桥梁装配式桥面系施工方法"等多项专利,为全路推广应用提供了宝贵经验。

雄安站装配式站台采用装配整体式混凝土框架结构体系,竖向结构为预制柱+预制混凝土吸音墙板,水平结构采用叠合梁、SPD 板/钢筋桁架叠合板,建造速度快,质量优异。成果授权发明专利 2 项,经鉴定达到了国际先进水平,被列为 2021 年全国建设行业科技推广项目。"这是新时代中国高铁建设技术的一项重大突破,将来修高铁将像搭积木一样简单。"

雄安站的建成充分说明,社会主义是干出来的,新时代是奋斗出来的。质量兴则企业兴,企业强则国家强。企业要强,关键在创新。党的二十大报告提出,坚持创新在我国现代化建设全局中的核心地位,加快实现高水平科技自立自强,加快建设科技强国,并对完善科技创新体系、加快实施创新驱动发展战略等做出专门部署。这是以习近平同志为核

心的党中央把握国际国内大势、有效应对风险挑战、确保实现新时代新征程党的历史使命做出的重大战略抉择,充分体现了习近平总书记高瞻远瞩、统揽全局的战略思想及对科技创新的战略擘画,为新时代科技发展指明了方向。

3.7 工作实施

(1)吊索、吊具的选择和使用注意事项。

引导问题 1:预制构件起吊用吊索主要有几类?

引导问题 2:起吊预制构件用钢丝绳,达到报废标准就需要更换,报废的标准是什么?

引导问题 3:预制构件起吊中经常采用吊链进行吊装,为了保证吊装的安全,吊链使用一段时间后就需要进行报废处理,吊链报废的标准是什么?

引导问题 4:梁式吊具在使用前应进行哪些检查?

引导问题 5:框型吊具主要用于哪些构件的吊装?

引导问题 6:鸭嘴吊扣的作用是什么?

引导问题 7:鸭嘴吊扣报废的标准是什么?

引导问题 8:万向吊环的作用是什么?

引导问题 9:万向吊环报废的标准是什么?

(2)预制构件吊装施工工艺。

引导问题 10:预制构件吊装施工前,需要做哪些施工前的准备工作?

引导问题 11:写出预制柱的吊装工艺流程。

引导问题 12:每一个楼层中预制柱的吊装顺序是如何规定的?

引导问题 13：预制柱在吊装之前先要对预留钢筋进行检查，检查的内容有哪些？

引导问题 14：写出预制墙板吊装施工的主要工艺流程。

引导问题 15:一个楼层中预制墙板的吊装顺序是如何规定的?

引导问题 16:写出预制叠合梁吊装施工主要工艺流程。

引导问题 17:一个楼层中,预制叠合梁的安装顺序是如何规定的?

引导问题 18:画出预制叠合板的安装工艺流程图。

(3)“1+X”装配式建筑构件制作与安装职业技能等级证书考试。

引导问题 19：认真识读图 3-1，指出图中哪些构件是预制外挂墙板，哪些是预制夹心外墙板，哪些是后浇带。

____

____

____

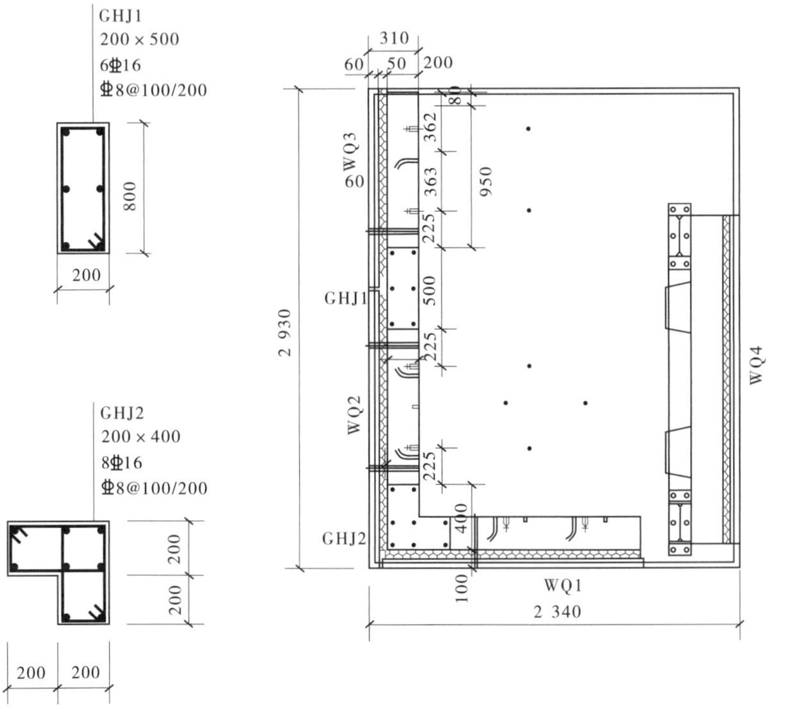

图 3-1　预制墙体施工平面布置图　（单位：mm）

引导问题 20：写出外挂墙板安装的主要工艺流程。

引导问题 21：写出预制外墙板后浇带的施工工艺流程。

引导问题 22：根据图 3-1 和图 3-2，按照“1+X”考试要求，对外挂墙板施工、预制外墙吊装施工、预制外墙的后浇带施工进行实际操作。

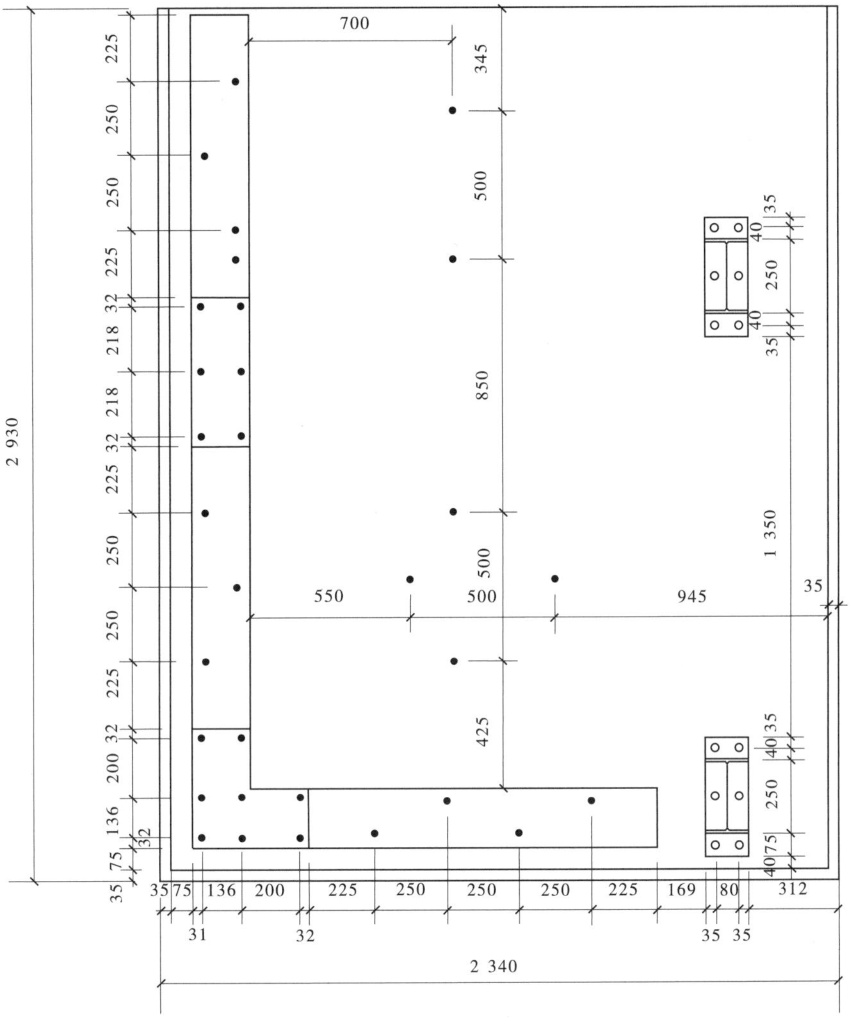

图 3-2 预制墙体安装平面尺寸布置图 （单位：mm）

引导问题 23：预制墙体水平接缝采用套筒灌浆连接，灌浆前先要用封缝料进行封堵，计算封缝料所用水和干料的质量。墙体长度为 1.2 m，宽度为 200 mm，封缝料水灰比为 12%，假设封缝料密度为 2 300 kg/m^3，考虑封缝料充足情况，留出 10%富余量。

引导问题 24:预制墙体封堵后需要进行灌浆,按下列条件计算灌浆料的干料和水的质量。墙体长度为 1.2 m,宽度为 200 mm,墙体内有 6 个套筒。灌浆料水灰比为 2∶1,假设灌浆料密度为 2 300 kg/m^3,假设封缝料密度为 2 300 kg/m^3,套筒灌浆料质量为 0.4 kg,考虑灌浆泵内有残余浆料,考虑 10%富余量。

引导问题 25:写出套筒灌浆料的制备方法。

引导问题 26:写出灌浆料流动度的检测方法。

引导问题 27:写出套筒灌浆后,套筒灌浆养护时间的规定。

引导问题 28：套筒灌浆施工时，对温度有何要求？

引导问题 29：套筒灌浆料的试块制作方法和数量有什么规定？

3.8　学习情境的相关知识点

知识点 1：吊索和吊具

1. 吊索

预制构件吊装采用的吊索一般为钢丝绳和吊链，可根据现场条件及所吊预制构件的特点进行选择。

1）钢丝绳

钢丝绳是将钢丝按照一定的规则捻在一起的螺旋状钢丝束。钢丝绳强度高、自重轻、工作平稳，不易骤然整根折断，工作可靠，是预制构件吊装最常用的吊索。

（1）分类。钢丝绳吊索主要类型分为三种：编插式、压接式、绳卡式。预制构件安装在满足承载力的条件下，首选铝合金压接式和编插式连接方法。吊索编插长度不应小于钢丝绳直径的 20 倍，压制钢丝绳绳套的套长（绳头到套环内边的距离）在没有套环的情况下，不得小于钢丝绳直径的 20 倍，且不应小于 300 mm（见图 3-3）。

（2）钢丝绳使用注意事项。吊索与所吊构件的水平夹角不应小于 60°。吊运有棱角的重物时，吊索与重物之间采取妥善的保护措施。吊运重物时，应根据吊运类型合理选取安全系数（破断拉力与全部工作荷载之比），一般不小于 5；当利用吊索上的吊钩、卡环钩挂重物上的起重吊环时，不应小于 6；当用吊索直接捆绑重物，且吊索与重物棱角采取了妥善的保护措施时，应取 6~8；当起吊重、大或精密的重物时，除应采取妥善保护措施外，安全系数应取 10。吊索应根据起吊能力不同分类存放在干燥、通风的位置。每次使用前应对钢丝绳吊索直径、断丝数量、连接节点等部位进行检查，对达到报废标准的吊索应及时报废。

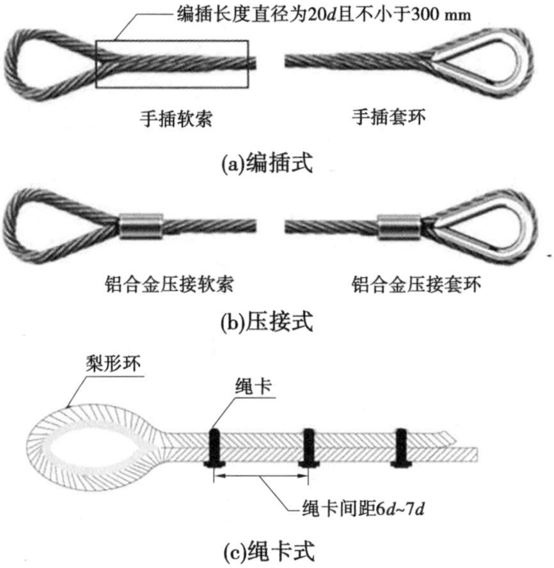

图 3-3　钢丝绳类型

(3)钢丝绳的选择。钢丝绳可采用 6×19 型，但宜用 6×37 型钢丝绳制作成环式或八股头式，其长度和直径应根据吊物的几何尺寸、重量和所用的吊装工具及吊装方法予以确定。使用时可采用单根、双根、四根或多根悬吊形式。

钢丝绳的强度等级分为 1 570 N/mm^2、1 670 N/mm^2、1 770 N/mm^2、1 870 N/mm^2、1 960 N/mm^2、2 160 N/mm^2 等，计算钢丝绳理论破断力时，用相应级别系数乘以钢丝绳有效截面面积。1 670 N/mm^2 是预制构件安装中较为常用的一种强度等级。

(4)钢丝绳报废标准。

①断丝：在 6 倍钢丝绳直径的长度范围内，可见断丝总数超过钢丝总数的 5%；同一部位和环眼处超过 3 根断丝。

②压扁：尺寸少于原始直径的 70%。

③波浪形变形：在钢丝绳长度不超过 25d 的范围内，$d_1 \geqslant 4d/3$，d 为钢丝绳公称直径，d_1 为钢丝绳变形后的包络直径。

④锈蚀：细丝松弛，表面明显粗糙、柔性降低；细丝表面出现深坑，在锈蚀部位实测钢丝绳公称直径减少达 7%；发生内部锈蚀。

⑤部分松股：松股超过公称直径的 10%。

⑥6 倍钢丝绳直径内，绳丝被挤出达 5%，绳股挤出；绳径局部增大达原直径的 120%；直径减少，少于公称直径的 90%。

⑦磨损：公称直径减少达 7%或外层钢丝磨损达原直径的 40%。

⑧其他具体执行《起重机　钢丝绳　保养、维护、检验和报废》(GB/T 5972—2023)。

2)吊链

吊链主要用于预制构件的吊装，起重吊链等级按照国家规范可分为普通精度等级和高精度等级，起重载荷不得超过吊链的极限工作载荷，需满足《M(4)、S(6)和 T(8)级焊接吊链》(GB/T 20652—2006)的要求。

(1)吊链使用规定如下:

①进场起重吊链质量需满足《起重用短环链 验收总则》(GB/T 20946—2007)的要求。

②起重吊链使用后应做清洁工作,干燥后涂防锈油,并将其放置在专用支架上,不得放在地面上。存放地点要通风、干燥、无腐蚀气体。

③起重吊链使用时不允许错扭、打结,相邻链环活动应灵活。

④吊运有棱角的重物时,吊链与重物间应做好相应的防护。

⑤起重使用吊链时,其产品安全系数不应低于6。

⑥每次使用前应对吊链链环直径、长度、吊环、吊钩节点等部位进行检查,对达到报废标准的吊索应及时报废。

(2)吊链报废标准如下:

①链环有裂缝或发生塑性变形,伸长达原长度的5%。

②任何部位的链环直径减少了10%及以上。

③有开口度的端部配件,开口度比原尺寸增加10%。

④扭曲、严重锈蚀以后积垢不能加以排除。

2. 吊具

1)梁式吊具

梁式吊具如图3-4所示,主要用于预制剪力墙、飘窗、PCF板、装饰柱、楼梯及叠合梁构件吊装,其使用规定如下:

(1)吊具进场前,应具备产品出厂合格证及相应的焊缝探伤检测报告。

(2)必须确保起吊时负载不超过极限额定载荷,吊运过程中,吊具应处于平衡状态。

(3)不应在吊具上钻孔或焊接修补,不可随意更改吊具结构、增加或减少吊具零部件。

(4)每次使用前,检查整个吊具外观是否有焊缝开焊、零件变形、焊缝裂纹等缺陷。吊具本体焊缝中,熔透焊缝每6个月应进行一次无损探伤,角焊缝每6个月进行一次外观及焊脚尺寸检查。

(5)吊具不允许在酸、碱、盐、化学气体及潮湿环境中存放。各转动部位应定期加注润滑油或润滑脂,防止出现卡阻现象。

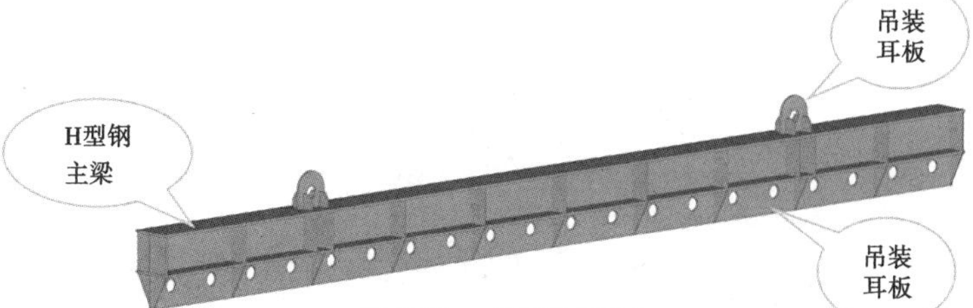

图3-4 梁式吊具

2)框型吊具

框型吊具如图 3-5 所示,主要用于预制阳台板、叠合板、空调板构件吊装,其使用说明如下:

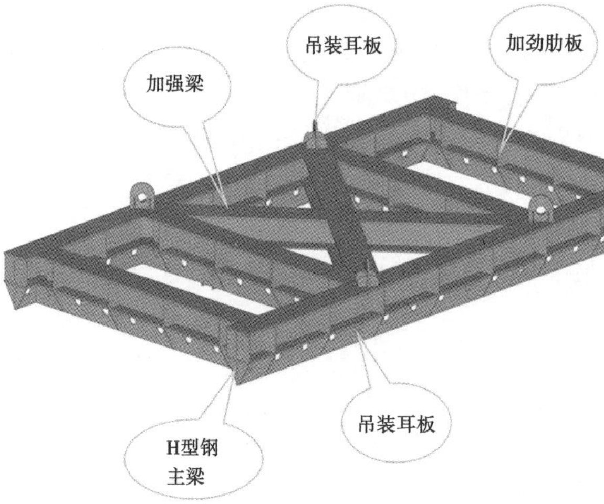

图 3-5 框型吊具

(1)吊具进场前,应具备产品出厂合格证及相应的检测报告。

(2)必须确保起吊时负载不超过极限额定载荷,吊运过程中,吊具应处于平衡状态。

(3)不应在吊具上钻孔或焊接修补,不可随意更改吊具结构、增加或减少吊具零部件。

(4)每次使用前,检查整个吊具外观是否有焊缝开焊、零件变形、焊缝裂纹等缺陷。吊具本体焊缝中,熔透焊缝每 6 个月应进行一次无损探伤,角焊缝每 6 个月进行一次外观及焊脚尺寸检查。

(5)吊具不允许在酸、碱、盐、化学气体及潮湿环境中存放。各转动部位应定期加注润滑油或润滑脂,防止出现卡阻现象。

3)鸭嘴吊扣

鸭嘴吊扣如图 3-6 所示,主要用于吊装过程中连接卸扣与吊点处吊钉,使用规定如下:

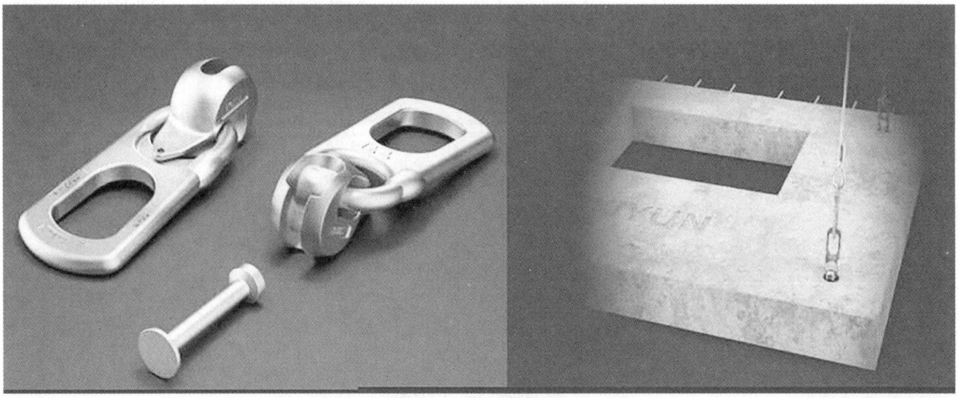

图 3-6 鸭嘴吊扣

(1)应根据构件重量选择合适的吊扣,使用前应确认吊扣与吊钉是否相匹配。

(2)吊扣应光滑平整,不得有裂痕、锐边和过烧等缺陷。

(3)不应在吊扣上钻孔或焊接修补,扣体和轴销永久变形后,不得进行修复。

(4)使用时,必须严格按照产品标识示意受力方向安装吊扣,禁止吊具与吊环垂直受力。

(5)侧拉受力时,环体有凹槽的一面向内;带角度受力时,环体有凹槽的一面向下,避免球头滑出,产生脱钩危险。

(6)吊扣的使用不得超过规定的许用负荷。

(7)每次使用前,应对扣体尺寸、零件变形、节点活动等部位进行检查,不得严重磨损、变形,不得有疲劳裂纹,对达到报废标准的吊扣应及时报废。

(8)鸭嘴吊扣报废标准如下:

①有明显永久变形或轴销不能转动自如。

②吊扣使用时间超过两年。

③吊扣任何一处出现裂纹。

④吊扣试验后不合格。

4)万向吊环

万向吊环如图3-7所示,主要用于吊装过程中连接卸扣与吊点处预埋螺栓,其使用规定如下:

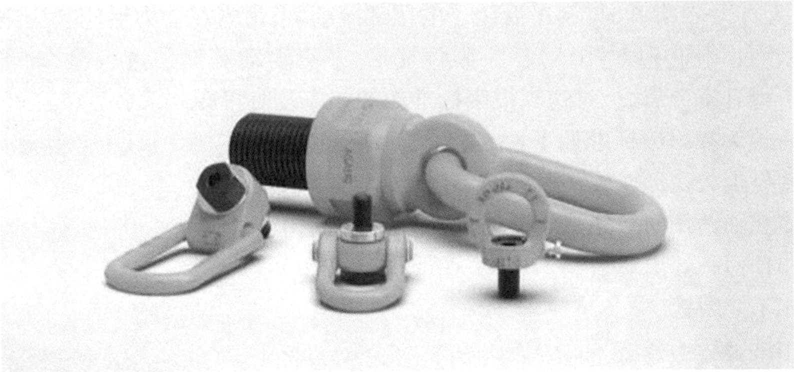

图3-7　万向吊环

(1)应根据构件重量选择合适的吊环,使用前应确认吊环螺纹与预埋螺栓螺纹规格是否相匹配。

(2)吊环应光滑平整,不得有裂痕、锐边和过烧等缺陷。

(3)不应在吊环上钻孔或焊接修补,扣体和轴销永久变形后,不得进行修复。

(4)使用时,应检查扣体和插销,不得严重磨损、变形,不得有疲劳裂纹。

(5)使用时,吊环底部与起吊物体紧密贴合,以免出现间隙造成较大弯矩。禁止在吊环与起吊物体之间放置垫片、隔片等其他配件对吊环进行改装。

(6)吊环的使用不得超过规定的许用负荷。

(7)每次使用前,应对扣体尺寸、零件变形、节点活动等部位进行检查,不得严重磨损、变形,不得有疲劳裂纹,对达到报废标准的吊扣应及时报废。

(8)万向吊环报废标准如下:

①有明显永久变形或轴销不能转动自如。

②吊环使用时间超过两年。

③吊环任何一处出现裂纹。

④吊环试验后不合格。

5)D 形卸扣

D 形卸扣如图 3-8 所示,主要用于吊装过程中连接吊索与构件,其使用规定如下:

(1)施工项目应根据构件重量选择合适的卸扣。

(2)卸扣应光滑平整,不得有裂痕、锐边和过烧等缺陷。

(3)不应在卸扣上钻孔或焊接修补,扣体和轴销永久变形后,不得进行修复。

(4)使用时,应检查扣体和插销,不得严重磨损、变形,不得有疲劳裂纹。

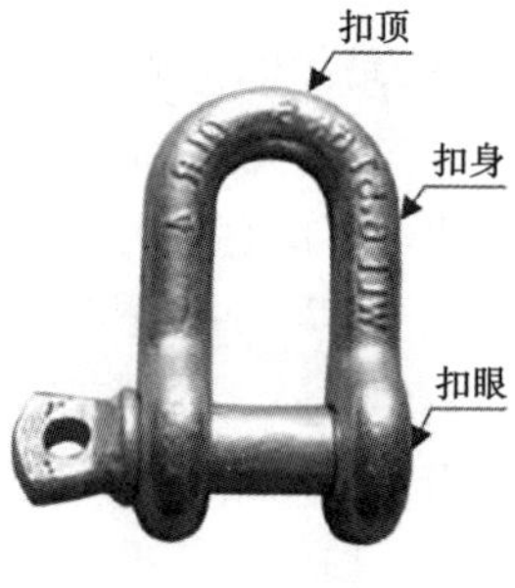

图 3-8　D 形卸扣

(5)使用时,横向间距不得受拉力,轴销必须插好保险销。

(6)轴销正确装配后,扣体内宽不得明显减少,螺纹连接良好。

(7)卸扣的使用不得超过规定的许用负荷。

(8)活动卡环在绑扎时,起吊后销子的尾部应朝下,吊索在受力后应紧压销子。

(9)每次使用前,应对扣体尺寸、零件变形、节点活动等部位进行检查,不得严重磨损、变形,不得有疲劳裂纹,对达到报废标准的卸扣应及时报废。

(10)D 形卸扣报废标准如下:

①有明显永久变形或轴销不能转动自如。

②扣体和轴销任何一处截面磨损量达原尺寸的 10%以上。

③卸扣任何一处出现裂纹。

④卸扣不能闭锁。

⑤卸扣试验后不合格。

6)弓形卸扣

弓形卸扣构造同 D 形卸扣,主要用于吊装过程中连接吊索与构件,其使用规定如下:

(1)卸扣应光滑平整,不得有裂纹、锐边和过烧等缺陷,对可疑区域可用放大镜等手段进行复查。

(2)卸扣以二倍安全负荷作为试验载荷进行试验,轴销不得有永久变形,且在拧松后可自由转动,扣体长度尺寸的增量不得超过 0.25%或 0.5 mm。

(3)卸扣可进行抽样可靠性试验,载荷为二倍试验载荷。卸扣不得出现断裂或使卸扣丧失承载能力的变形。

(4)现用卸扣的安全负荷均以 M(4)级核准。

(5)在扣体上应标上强度等级、安全负荷等标记。

(6)每次使用前,应对扣体尺寸、零件变形、节点活动等部位进行检查,不得严重磨损、变形,不得有疲劳裂纹,对达到报废标准的卸扣应及时报废。

(7)弓形卸扣报废标准如下：

①有明显永久变形或轴销不能转动自如。

②扣体和轴销任何一处截面磨损量达原尺寸的10%以上。

③卸扣任何一处出现裂纹。

④卸扣不能闭锁。

⑤卸扣试验后不合格。

码3-1　视频：构件吊装

知识点2：预制构件吊装工艺

1. 预制柱吊装

1)预制柱吊装工艺流程

预制柱吊装工艺流程如图3-9所示。

2)预制柱吊装施工步骤

码3-2　视频：预制柱安装施工

(1)测量定位放线。楼面混凝土达到强度后，清理结合面，由专业测量员放出测量定位控制轴线、预制柱定位边线及200 mm控制线，并做好标识。

(2)预留钢筋复核校正。用自制钢筋定位控制钢套板对板面预留竖向钢筋进行复核，检查预留钢筋位置、垂直度、钢筋预留长度是否准确，对不符合要求的钢筋进行矫正，对偏位的钢筋及时进行调整。

(3)垫片找平。每个预制柱下部四个角部位根据实测数值放置相应高度的垫片进行标高找平，并防止垫片移位。垫片安装应注意避免堵塞注浆孔及灌浆连通腔。

(4)预制柱起吊。吊装施工前由质量工程师核对预制柱型号、尺寸，检查质量无误后，由专人负责挂钩，待挂钩人员撤离至安全区域后，由下面信号工确认构件四周安全情况，确认无误后进行试吊，指挥缓慢起吊。起吊到距离地面约0.5 m时，进行起吊装置安全确认，确定起吊装置安全后，继续起吊作业。

(5)预制柱就位。预制柱吊运至施工楼层距离楼面200 mm时，略作停顿，安装工人对着楼地面上已经弹好的预制柱定位线扶稳预制柱，并通过小镜子检查预制柱下口套筒与连接钢筋位置是否对准，检查合格后缓慢落钩，使预制柱落至找平垫片上就位放稳。

(6)安装斜支撑。装配体系预制柱就位后，采用长短两条斜支撑将预制柱临时固定。斜支撑主要用于固定与调整预制柱体，确保预制柱安装垂直度，加强预制柱与主体结构的连接，确保灌浆和后浇混凝土浇筑时，柱体不产生位移。楼面斜支撑常规采用膨胀螺栓进行安装。安装时需与安装处楼面板预埋管线及钢筋位置、板厚等因素进行综合考虑，避免损坏、打穿、打断楼板预埋线管、钢筋及其他预埋装置。

(7)预制柱校正。采用定位调节工具对预制柱进行微调。调整短支撑以调节柱位置，调整长支撑以调整柱垂直度，用撬棍拨动预制柱，用铅锤、靠尺校正柱体的位置和垂直度，并可用经纬仪进行检查。经检查预制柱水平定位、标高及垂直度调整准确无误后紧固斜向支撑，卸去吊索卡环。

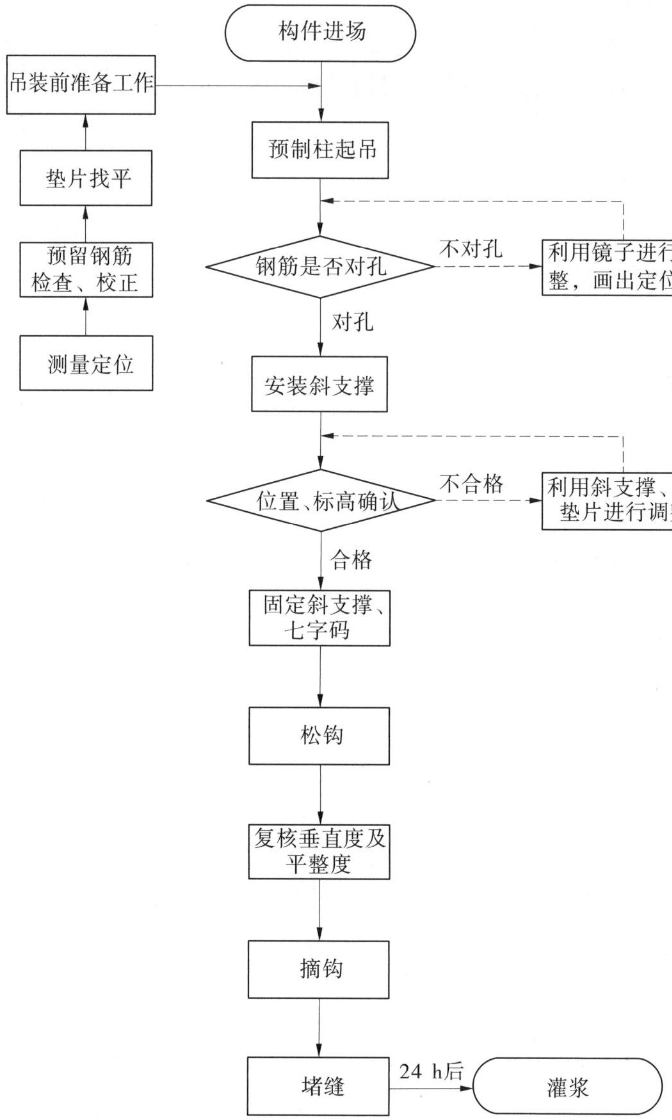

图 3-9 预制柱吊装工艺流程

3）预制柱吊装注意事项

（1）宜按照角柱、边柱、中柱顺序进行安装，与现浇部分连接的柱宜先行吊装。

（2）预制柱的就位以轴线和外轮廓线为控制线，对于边柱和角柱，应以外轮廓线控制为准。

（3）就位前应设置柱底调平装置，控制柱安装标高。

（4）预制柱安装就位后应在两个方向设置可调节临时固定措施，并应进行垂直度、扭转调整。

（5）采用灌浆套筒连接的预制柱调整就位后，柱脚连接部位宜采用模板封堵。

（6）装配式结构楼层以下的现浇结构楼层预留纵向钢筋施工时，为避免钢筋偏位、钢筋预留长度错误造成无法与预制装配式结构楼层预制构件的预留套筒正确连接，应采用钢筋定位控制套箍对预留竖向钢筋进行检查、固定，保证结构顶部纵向预留钢筋位置。

（7）在安装下一层预制柱前，柱顶部纵向钢筋留出自由端高度，因为柱纵向钢筋自由端较长，在后续钢筋绑扎、混凝土浇捣作业中容易产生偏位。为了避免钢筋偏位后无法与下一层预制柱的预留套筒连接，在预制柱吊装完毕后应安装纵向钢筋定位套箍，固定柱顶部纵向钢筋位置。

2. 预制墙板吊装

1）预制墙板吊装工艺流程

预制墙板吊装工艺流程如图 3-10 所示。

2）预制墙板吊装施工步骤

码 3-3 视频：预制墙体吊装

码 3-4 视频：预制外墙安装

（1）测量定位放线。楼面混凝土达到强度后，清理结合面，根据定位轴线，在已施工完成的楼层板面上放出预制墙体定位边线及 200 mm 控制线，并做好 200 mm 控制线的标识，在预制墙体上弹出 1 000 mm 水平控制线，方便施工操作及墙体控制。

（2）预留钢筋复核校正。使用自制钢筋定位控制钢套板对板面预留竖向钢筋进行复核，检查预留钢筋位置、垂直度、钢筋预留长度是否准确，对不符合要求的钢筋进行矫正，偏位的要及时进行调整，确保上层预制墙体内的套筒与下一层的预留插筋能够顺利对孔。

（3）垫片找平。预制墙板下口与楼板间设计有约 20 mm 缝隙（灌浆用），同时为保证墙板上下口齐平，每块墙板下部四个角部根据实测数值放置相应高度的垫片进行标高找平，并防止垫片移位。垫片安装应注意避免堵塞注浆孔及灌浆连通腔。

（4）安装墙板定位七字码。七字码设置于预制墙体底部，主要用于加强预制墙体与主体结构的连接，确保灌浆和后浇混凝土浇筑时，墙体不产生位移。每块墙板应安装不少于 2 个七字码，间距不大于 4 m。七字码安装定位需注意避开预制墙板灌、出浆孔位置，以免影响灌浆作业。楼面七字码、斜支撑常规采用膨胀螺栓进行安装。安装时需与安装处楼面板预埋管线及钢筋位置、板厚等因素进行综合考虑，避免损坏、打穿、打断楼板预埋线管、钢筋及其他预埋装置。

（5）粘贴弹性防水密封胶条。外墙板因设计有企口而无法封缝，为防止灌浆时浆料外侧渗漏，墙板吊装前在预制墙板保温层部位粘贴弹性防水密封胶条。根据构件结构特点、施工环境温度条件等因素，确定采用水平缝坐浆的单套筒灌浆、水平缝连通腔封缝的多套筒灌浆、水平缝连通腔分仓封缝的多套筒灌浆等施工方案，并以实际样品构件、施工机具、灌浆材料等进行方案验证，确认后实施。胶条安装应注意避免堵塞注浆孔及灌浆连通腔，每个分仓封缝应分别密封，与外界隔离。须保证连通腔四周的密封结构可靠、均匀，密封强度满足套筒灌浆压力的要求。特别应注意预制墙板与后浇墙体连接部位一侧的密封胶条是否安装封堵到位。

（6）预制墙板起吊。预制墙板吊装时，为了保证墙体构件整体受力均匀，应采用 H 型钢焊接而成的专用吊梁，根据各预制构件吊装时不同尺寸、不同重量及不同的起吊点位置，设置模数化吊点，确保预制构件在吊装时吊装钢丝绳保持竖直。专用吊梁下方设置专

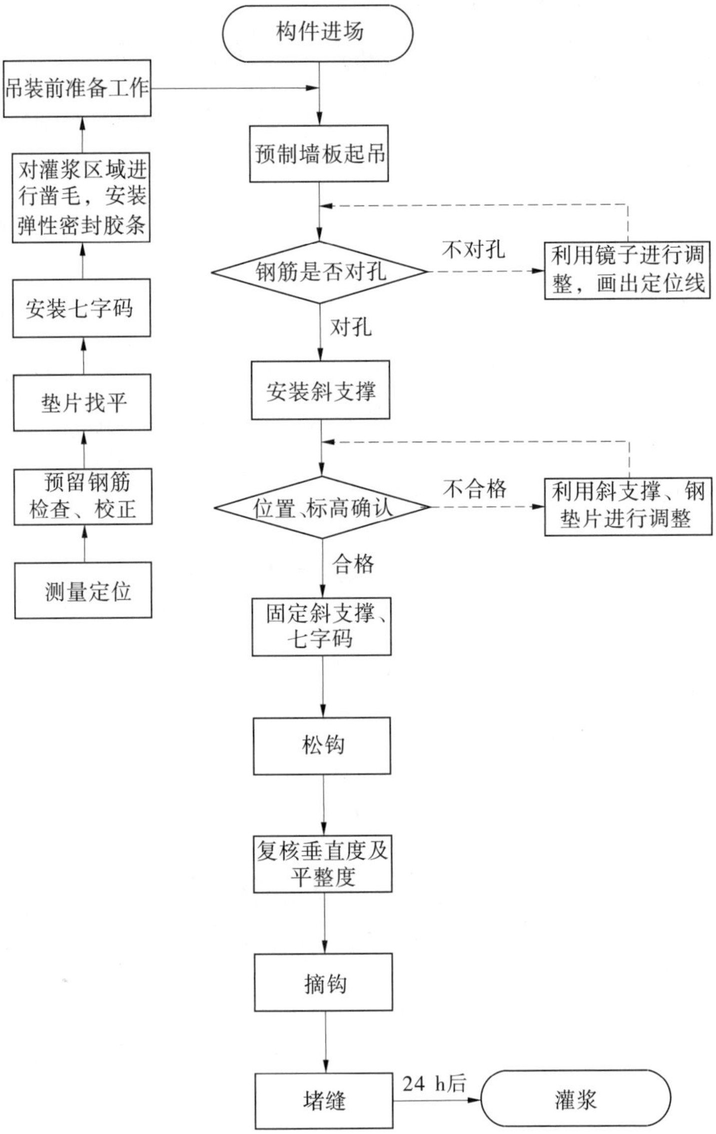

图 3-10　预制墙板吊装工艺流程

用吊钩,用于悬挂吊索,进行不同类型预制墙体的吊装。

吊装施工前由质量工程师核对墙板型号、尺寸,检查质量无误后,由专人负责挂钩,待挂钩人员撤离至安全区域时,由下面信号工确认构件四周安全情况,确认无误后进行试吊,指挥缓慢起吊。起吊到距离地面约 0.5 m 时,进行起吊装置安全确认,确定起吊装置安全后,继续起吊作业。

(7)斜支撑安装。装配体系预制墙板(内墙板、外墙板)就位后,采用长短两条斜支撑将预制墙板临时固定。斜支撑主要用于固定与调整预制墙体,确保预制墙体安装垂直度,加强预制墙体与主体结构的连接,确保灌浆和后浇混凝土浇筑时墙体不产生位移。

(8)预制墙板校正。墙体吊装之前可在室内架设激光扫平仪,扫平标高设置为 1 000

mm。墙体定位完成缓慢降落过程中通过激光线与墙体 1 000 mm 控制线进行校核，墙体下部通过调节钢垫片进行标高调节，直至激光线与墙体 1 000 mm 控制线重合。墙体吊装完成后，控制线距楼层标高应为 1 000 mm±3 mm。采用定位调节工具对预制墙板微调。调整短支撑以调节墙板位置，调整长支撑以调整墙板垂直度，用撬棍拨动墙板，用铅锤、靠尺校正墙板的位置和垂直度，并随时用检测尺进行检查。经检查预制墙板水平定位、标高及垂直度调整准确无误后紧固斜支撑，卸去吊索卡环。

3）预制墙板吊装注意事项

（1）与现浇部分连接的墙板宜先行吊装，其他宜按照外墙先行吊装的原则进行吊装。

（2）就位前，应在墙板底部设置调平装置。

（3）采用灌浆套筒连接、浆锚搭接连接的夹芯保温外墙板应在保温材料部位采用弹性密封材料进行封堵。

（4）采用灌浆套筒连接、浆锚搭接连接的墙板需要分仓灌浆时，应采用坐浆料进行分仓，多层剪力墙采用坐浆时应均匀铺设坐浆料，坐浆料强度应满足设计要求。

（5）墙板以轴线和轮廓线为控制线，外墙应以轴线和外轮廓线双控制。

（6）安装就位后应设置可调斜支撑临时固定，测量预制墙板的水平位置、垂直度、高度等，通过墙底垫片、临时斜支撑进行调整。

（7）预制墙板调整就位后，墙底部连接部位宜采用模板封堵。

（8）叠合墙板安装就位后进行叠合墙板拼缝处附加钢筋安装，附加钢筋应与现浇段钢筋网交叉点全部绑扎牢固。

3. 预制叠合梁吊装

1）预制叠合梁吊装工艺流程

预制叠合梁吊装工艺流程如图 3-11 所示。

2）预制叠合梁吊装施工步骤

（1）测量定位放线。墙体楼面混凝土达到强度后，清理楼面，并根据结构平面布置图，放出定位轴线及叠合梁定位控制边线，做好控制线标识。

码 3-5　视频：柱上预制梁安装施工

（2）搭设支撑体系。装配式预制叠合梁支撑体系宜采用可调式独立钢支撑体系。采用装配式结构独立钢支撑系统的支撑高度不宜大于 4 m，当支撑高度大于 4 m 时，宜采用满堂钢管支撑脚手架体系。

可调式独立钢支撑体系施工前应编制专项施工方案，并应经审核批准后实施。施工方案应包括工程概况、编制依据、独立钢支柱支撑布置方案、施工部署、施工检测、搭设与拆除、施工安全质量保证措施、计算书及相关图纸等，并应按照钢支撑上的荷载以及钢支撑容许承载力，计算钢支撑的间距和位置。

可调式独立钢支撑体系搭设前，项目技术负责人应按专项施工方案的要求对现场管理人员和作业人员进行技术和安全作业交底。

可调式独立钢支撑的搭设场地应坚实、平整，底部应作找平夯实处理，地基承载力应满足受力要求，并应有可靠的排水措施，防止积水浸泡地基。独立钢支撑立柱搭设在地基土上时，应加设垫板，垫板应有足够的强度和支撑面积，垫板下如有空隙应予垫平垫实。

根据结构施工支撑体系专项施工方案及支撑平面布置图，在楼面放出支撑点位置。

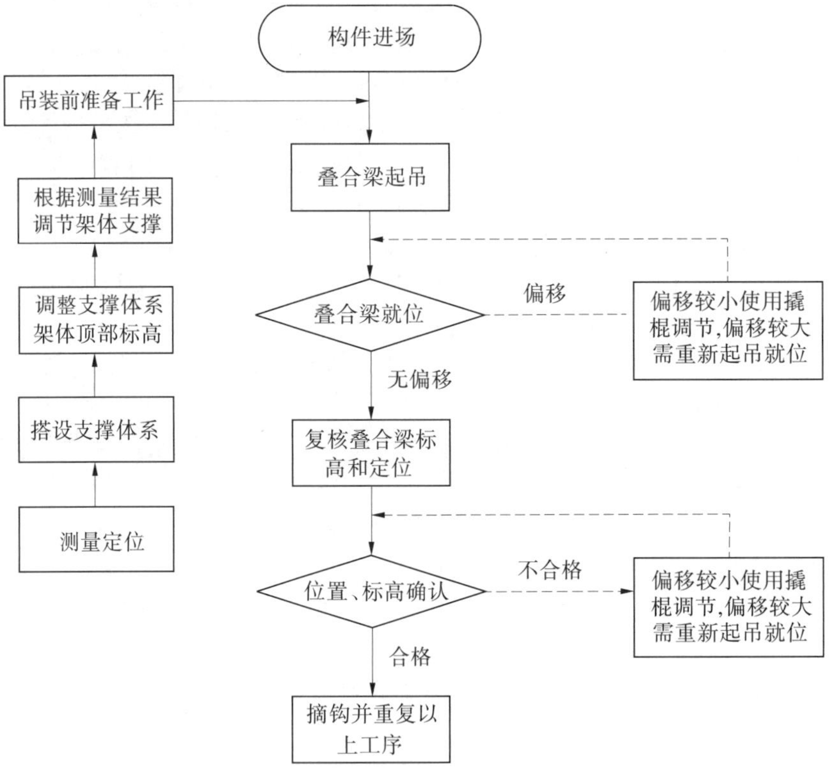

图 3-11　预制叠合梁吊装工艺流程

可调节钢支撑应垂直安装,尽量避免受负载荷。

(3)调整支撑体系架体顶部标高。支撑安装先利用手柄将调节螺母旋至最低位置,将上管插入下管至接近所需的高度,然后将销子插入位于调节螺母上方的调节孔内,把可调钢支顶移至工作位置,搭设支架上部工字钢梁,旋转调节螺母,调节支撑使铝合金工字钢梁上口标高至叠合梁底标高,待预制梁底支撑标高调整完毕后进行吊装作业。

(4)叠合梁的吊装。支撑体系搭设完毕后,按照施工方案制定的安装顺序,将有关型号、规格的预制梁配套码放,在预制叠合梁两端弹好定位控制轴线(或中线),理顺调直两端伸出的钢筋。

在预制柱已吊装加固完成的开间内进行预制叠合梁吊装作业。梁吊装宜遵循先主梁后次梁的原则,分间吊装预制叠合楼板。

应按照图纸上的规定或施工方案中所确定的吊点位置,进行挂钩和锁绳。注意吊绳的夹角一般不得小于 45°。如使用吊环起吊,必须同时拴好保险绳。当采用兜底吊运时,必须用卡环卡牢。

挂好钩绳后缓缓提升,绷紧钩绳,离地 500 mm 左右时停止上升,认真检查吊具是否牢固、拴挂是否安全可靠,无误后方可吊运就位。

(5)叠合梁就位。吊装前应检查柱头支点钢垫的标高、位置是否符合安装要求。就位时找好柱头上的定位轴线和梁上轴线之间的相互关系,控制梁正确就位。

叠合梁吊装至楼面 500 mm 时,停止降落,操作人员稳住叠合梁,参照柱、墙顶垂直控制线和下层板面上的控制线,引导叠合梁缓慢降落至柱头支点上方。

待构件稳定后,方可进行摘钩和校正。

(6)叠合梁校正。吊装摘钩后,根据预制墙体上弹出的水平控制线及竖向楼板定位控制线,校核叠合梁水平位置及竖向标高情况。通过调节竖向独立支撑,确保叠合梁满足设计标高及质量控制要求;通过撬棍调节叠合梁水平定位,确保叠合梁满足设计图纸水平定位及质量控制要求。

调整叠合梁水平定位时,撬棍应配合垫木使用,避免损伤预制梁边角。

调整完成后应检查梁吊装定位是否与定位控制线存在偏差。采用铅垂和靠尺进行检测,如偏差仍超出设计及质量控制要求,或偏差影响到周边叠合梁或叠合楼板的吊装,应对该叠合梁进行重新起吊落位,直到通过检验。

3)预制梁或叠合梁安装注意事项

(1)安装顺序宜遵循先主梁后次梁、先低后高的原则。

(2)安装前,应测量并修正临时支撑标高,确保与梁底标高一致,并在柱上弹出梁边控制线,安装后根据控制线进行精密调整。

码 3-6　视频：墙上叠合梁安装施工

(3)安装前,应复核柱钢筋与梁钢筋位置、尺寸,梁钢筋与柱钢筋位置有冲突时,应按经设计单位确认的技术方案调整。

(4)安装时梁伸入支座的长度与搁置长度应符合设计要求。

(5)安装就位后应对水平度、安装位置、标高进行检查。

(6)叠合梁的临时支撑,应在后浇混凝土强度达到设计要求后方可拆除。

4.预制叠合板吊装

1)预制叠合板吊装工艺流程

预制叠合板吊装工艺流程如图 3-12 所示。

2)预制叠合板吊装施工步骤

码 3-7　视频：叠合板安装施工

(1)测量定位放线。墙体楼面混凝土达到强度后,清理楼面,并根据结构平面布置图,放出定位轴线及叠合楼板定位控制边线,做好控制线标识。

(2)搭设支撑体系(同预制叠合梁)。

(3)调整支撑体系架体顶部标高。支撑安装先利用手柄将调节螺母旋至最低位置,将上管插入下管至接近所需的高度,然后将销子插入位于调节螺母上方的调节孔内,把可调钢支顶移至工作位置,搭设支架上部工字钢梁,旋转调节螺母,调节支撑使铝合金工字钢梁上口标高至叠合梁底标高,待预制梁底支撑标高调整完毕后进行吊装作业。

(4)叠合楼板吊装。支撑体系搭设完毕后,将叠合楼板从运输构件的车辆上或预制构件堆放场地挂钩起吊至操作面。为了避免因局部受力不均造成叠合楼板出现裂纹甚至断裂现象的发生,叠合楼板吊装应采用专用吊架(即叠合构件用自平衡吊架),吊架由工字钢焊接而成,并设置专用吊耳和滑轮组,专用于预制叠合板类构件的吊装,通过滑轮组实现构件起吊后的水平自平衡。

(5)叠合楼板就位。当叠合楼板吊装至楼面 500 mm 时,停止降落,操作人员稳住叠合楼板,参照墙顶垂直控制线和下层板面上的控制线,引导叠合楼板缓慢降落至支撑上方,调

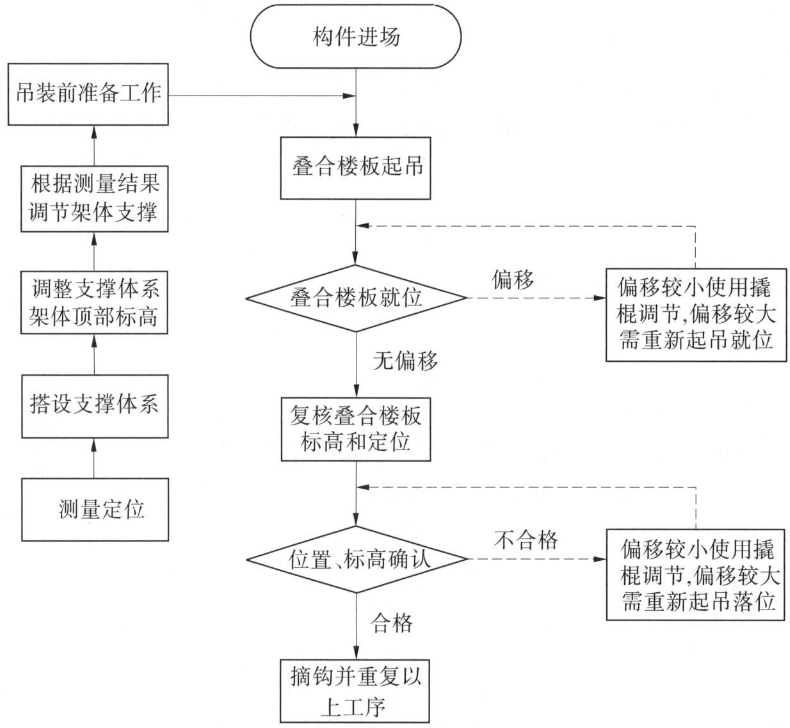

图 3-12　预制叠合板吊装工艺流程

整叠合楼板位置,根据板底标高控制线检查标高。待构件稳定后,方可进行摘钩和校正。

(6)叠合楼板校正。吊装前摘钩后,根据预制墙体上弹出的水平控制线及竖向楼板定位控制线,校核叠合楼板水平位置及竖向标高情况。通过调节竖向独立支撑,确保叠合楼板满足设计标高及质量控制要求;通过撬棍调节叠合楼板水平定位,确保叠合楼板满足设计图纸水平定位及质量控制要求。

调整楼板水平定位时,撬棍应配合垫木使用,避免损伤预制楼板边角。

调整完成后,应检查楼板吊装定位是否与定位控制线存在偏差。采用铅垂和靠尺进行检测,如偏差仍超出设计及质量控制要求,或偏差影响到周边叠合梁、叠合楼板的吊装,应对该叠合楼板进行重新起吊落位,直到通过检验。

码 3-8　视频:构件安装实操流程教学

3)叠合楼板底板吊装注意事项

(1)预制底板吊装完后应对板底接缝高差进行校核;当叠合板板底接缝高差不满足设计要求时,应将构件重新起吊,通过可调托座进行调节。

(2)预制底板的接缝宽度应满足设计要求。

(3)临时支撑应在后浇混凝土强度达到设计要求后方可拆除。

知识点3："1+X"装配式建筑构件制作与安装职业技能等级证书考试关于构件安装施工的规定

预制构件安装施工实操评分记录见表3-2~表3-5。

表3-2 "构件安装——1号考核人员"实操评分记录表

考核人员： 考核编号： 考场： 考核时间：

一、主导考核项(70分)							
序号	考核项	考核内容(工艺流程+质量控制+组织协调+安全施工)		评分标准	分值	评分	说明
1	施工前准备工艺流程(6分)	劳保用品准备	佩戴安全帽	(1)内衬圆周大小调节到头部稍有约束感为宜。 (2)系好下颚带，下颚带应紧贴下颚，松紧以下颚有约束感，但不难受为宜。 均满足以上要求可得满分，否则不得分	1		
			穿戴劳保工装、防护手套	(1)劳保工装做到"统一、整齐、整洁"，并做到"三紧"，即领口紧、袖口紧、下摆紧，严禁卷袖口、卷裤腿等现象。 (2)必须正确佩戴手套，方可进行实操考核。 均满足以上要求可得满分，否则不得分	1		
		设备检查	检查施工设备(如吊装机具、吊具等)	发布"设备检查"指令，指挥主操人员操作开关(如有)或手动检查吊装机具是否正常运转，吊具是否正常使用。满足以上要求可得满分，否则不得分	1		
		领取工具	领取构件安装所有工具	发布"领取工具"指令，指挥主操人员领取工具，放置于指定位置，摆放整齐。满足以上要求可得满分，否则不得分	1		如后期操作发现缺少工具，可回到此项扣分
		领取材料	领取构件安装所有材料	发布"领取材料"指令，指挥主操人员领取材料，放置于指定位置，摆放整齐。满足以上要求可得满分，否则不得分	1		

续表 3-2

序号	考核项	考核内容(工艺流程+质量控制+组织协同+安全施工)		评分标准	分值	评分	说明
1	施工前准备工艺流程(6分)	卫生检查及清理	施工场地卫生检查及清扫	发布"卫生检查及清理"指令,指挥主操人员使用工具(扫把)规范清理场地。满足以上要求可得满分,否则不得分	1		
2	外墙挂板吊装工艺流程(29分)	外墙挂板质量检查	依据图纸进行外墙挂板质量检查	发布"外墙挂板质量检查"指令,指挥主操人员正确使用工具(钢卷尺、靠尺、塞尺)检查外墙挂板尺寸、外观、平整度、埋件位置及数量等是否符合图纸要求。满足以上要求可得满分,否则不得分	3		
		外墙挂板吊装	吊具连接	发布"吊具连接"指令,指挥主操人员选择吊孔,满足吊链与水平夹角不宜小于60°。满足以上要求可得满分,否则不得分	2	主导人员明确发布指令并确定吊链水平夹角不小于60°	
			外墙挂板试吊	发布"外墙挂板试吊"指令,指挥主操人员正确操作吊装设备起吊构件至距离地面约300 mm,停滞,观察吊具是否安全。满足以上要求可得满分,否则不得分	2	主导人员是否正确发布指令,是否指挥主操人员吊起构件至地面约300 mm,停滞观察	主操人员正确操作吊装设备起吊构件至距离地面约300 mm,停滞,观察吊具是否安全
			外墙挂板吊运	发布"外墙挂板吊运"指令,指挥主操人员正确操作吊装设备吊运构件,缓起、匀升、慢落。满足以上要求可得满分,否则不得分	2	主导人员正确发布指令,并指挥主操人员正确吊运构件,做到匀升、缓起、慢落	

续表 3-2

序号	考核项	考核内容(工艺流程+质量控制+组织协调+安全施工)		评分标准	分值	评分	说明
2	外墙挂板吊装工艺流程(29分)	外墙挂板吊装	外墙挂板安装对位	发布“外墙挂板安装对位”指令,指挥主操人员正确操作设备吊装下落,底部螺杆对准下部连接件。满足以上要求可得满分,否则不得分	3		
		外墙挂板初固定		发布“外墙挂板初固定”指令,指挥主操人员正确使用工具(扳手)和材料(上连接件、螺栓)临时固定外墙挂板。满足以上要求可得满分,否则不得分	3		
		外墙挂板调整	外墙挂板位置测量及调整	发布“外墙挂板位置测量及调整”指令,指挥主操人员正确使用工具(钢卷尺、撬棍)调整位置。满足以上要求可得满分,否则不得分	3		
			外墙挂板垂直度测量及调整	发布“外墙挂板垂直度测量及调整”指令,指挥主操人员正确使用工具(线坠、钢卷尺或带刻度靠尺)检测垂直度并进行调整。满足以上要求可得满分,否则不得分	3		
			外墙挂板标高测量及调整	发布“外墙挂板标高测量及调整”指令,指挥主操人员正确使用工具(靠尺、扳手)检查挂板顶与钢梁同一水平面。满足以上要求可得满分,否则不得分	3		

续表 3-2

<table>
<tr><th>序号</th><th>考核项</th><th colspan="2">考核内容(工艺流程+质量控制+组织协调+安全施工)</th><th>评分标准</th><th>分值</th><th>评分</th><th>说明</th></tr>
<tr><td rowspan="2">2</td><td rowspan="2">外墙挂板吊装工艺流程(29 分)</td><td colspan="2">外墙挂板终固定</td><td>发布“外墙挂板终固定”指令,指挥主操人员正确使用工具(扳手)终拧螺栓。满足以上要求可得满分,否则不得分</td><td>3</td><td></td><td></td></tr>
<tr><td colspan="2">摘除吊钩</td><td>发布“摘除吊钩”指令,指挥主操人员依次摘除吊钩。满足以上要求可得满分,否则不得分</td><td>2</td><td></td><td></td></tr>
<tr><td rowspan="5">3</td><td rowspan="5">质量控制(20 分)</td><td>工具选择</td><td>工具选择合理、数量准确</td><td rowspan="2">此部分由考评员评定</td><td>3</td><td></td><td rowspan="5"></td></tr>
<tr><td>卫生质量</td><td>场地干净清洁</td><td>3</td><td></td></tr>
<tr><td rowspan="3">外墙挂板吊装质量</td><td>外墙挂板连接牢固程度(螺栓牢固)</td><td rowspan="3">1 号考核人员操作完毕后由 4 号考核人员主导“外墙挂板吊装质量检验”(也可最后统一检验),根据测量数据判断是否符合 GB/T 51231—2016 中表 10.4.12 要求。在误差范围之内得满分,否则不得分</td><td>4</td><td></td></tr>
<tr><td>外墙挂板安装位置误差范围(8 mm,0)</td><td>5</td><td></td></tr>
<tr><td>外墙挂板垂直度误差范围(5 mm,0)</td><td>5</td><td></td></tr>
</table>

续表 3-2

序号	考核项	考核内容(工艺流程+质量控制+组织协调+安全施工)	评分标准	分值	评分	说明
4	组织协调(15分)	指令明确	指令明确,口齿清晰,无明显错误得满分,否则不得分	5		
		分工合理	分工合理,无窝工或分工不均情况得满分,否则不得分	5		
		纠正错误操作	及时纠正主操人员错误操作,并给出正确指导得满分,否则不得分	5		
5	安全施工	施工过程中严格按照文明生产规定操作,无恶意损坏工具、原材料且无因操作失误造成考试干系人伤害等行为	出现严重损坏设备、伤人事件,判定对应主操人员和主导人员不合格	合格/不合格/扣分		1号不合格/2号不合格/3号不合格/4号不合格/扣　分,此处可多选
			出现墙板碰撞、手放置于墙底等一般危险行为,则对对应人扣10分,主导人员制止则不扣分,未提前干预或制止则对主导人员扣10分,上不封顶			
二、主操考核项(30分)						
序号	考核项	考核内容(团队协作+工艺实操)	评分标准	分值	评分	说明
1	剪力墙板吊装(10分)	按照主导人员指令完成工艺操作	(1)服从指挥,配合其他人员得5分。(2)能正确使用工具和材料,按照主导人员指令完成工艺操作得5分。满分10分,全部符合得10分,一项符合得5分,都不符合不得分	10/5/0		当主导人员指挥有误,如选取工具或材料错误,主操人员不能提醒,按照指令执行即可。此时扣主导人员分数,不扣主操人员分数
2	后浇段连接(10分)			10/5/0		
3	质量检验与工完料清(10分)			10/5/0		
总分	100	考核结果	合格/不合格	合计		
考官签字:						

表 3-3 “构件安装——2 号考核人员”实操评分记录表

考核人员：　　考核编号：　　考场：　　考核时间：

一、主导考核项(70 分)

序号	考核项	考核内容(工艺流程+质量控制+组织协调+安全施工)		评分标准	分值	评分	说明
1	剪力墙板吊装工艺流程(35 分)	剪力墙板质量检查	依据图纸进行剪力墙板质量检查(尺寸、外观、平整度、埋件位置及数量等)	发布“X 号剪力墙板质量检查”指令,指挥主操人员正确使用工具(钢卷尺、靠尺、塞尺)检查构件尺寸、外观、平整度、埋件位置及数量等是否符合图纸要求。满足以上要求可得满分,否则不得分	2		提前下发考生
		连接钢筋处理	连接钢筋除锈	发布“连接钢筋除锈”指令,指挥主操人员正确使用工具(钢丝刷)对生锈钢筋进行处理,若没有生锈钢筋,则说明钢筋无需除锈。满足以上要求可得满分,否则不得分	1		
			连接钢筋长度检查及校正	发布“连接钢筋长度检查及校正”指令,指挥主操人员正确使用工具(钢卷尺、角磨机)对每个钢筋进行测量,指出不符合要求的钢筋。满足以上要求可得满分,否则不得分	2		
			连接钢筋垂直度检查及校正	发布“连接钢筋垂直度检查及校正”指令,指挥主操人员正确使用工具(靠尺)对每个钢筋进行两个方向(90°夹角)测量,指出不符合要求钢筋。满足以上要求可得满分,否则不得分	2		

续表 3-3

序号	考核项	考核内容(工艺流程+质量控制+组织协调+安全施工)		评分标准	分值	评分	说明
1	剪力墙板吊装工艺流程（35 分）	工作面处理	凿毛处理	发布“凿毛处理”指令，指挥主操人员正确使用工具(铁锤、錾子)对定位线内工作面进行粗糙面处理。满足以上要求可得满分，否则不得分	1		
			工作面清理	发布“工作面清理”指令，指挥主操人员正确使用工具(扫把)，对工作面进行清理。满足以上要求可得满分，否则不得分	1		
			洒水湿润	发布“洒水湿润”指令，指挥主操人员正确使用工具(喷壶)，对工作面进行洒水湿润处理。满足以上要求可得满分，否则不得分	1		
		分仓判断		发布“分仓判断”指令，根据图纸给出信息计算，当最远套筒距离≤1.5 m时不需分仓，否则需要分仓。满足以上要求可得满分，否则不得分	2		
		弹控制线		发布“弹控制线”指令，指挥主操人员正确使用工具(钢卷尺、墨盒、铅笔)根据已有轴线或定位线引出200~500 mm 控制线。满足以上要求可得满分，否则不得分	2		

续表 3-3

序号	考核项	考核内容(工艺流程+质量控制+组织协调+安全施工)		评分标准	分值	评分	说明
1	剪力墙板吊装工艺流程(35 分)	放置橡塑棉条		发布“放置橡塑棉条”指令,指挥主操人员正确使用材料(橡塑棉条),根据定位线或图纸放置橡塑棉条至保温板位置。满足以上要求可得满分,否则不得分	1		
		放置垫块		发布“放置垫块”指令,指挥主操人员正确使用材料(垫块)在墙两端距离边缘 4 cm 以上,远离钢筋位置处放置 2 cm 高垫块。满足以上要求可得满分,否则不得分	2		
		标高找平		发布“标高找平”指令,指挥主操人员正确使用工具(水准仪、水准尺),先后视假设标高控制点,再将水准尺分别放置于垫块顶,若垫块标高符合要求则不需调整,若垫块不在误差范围内,则需换不同规格垫块。满足以上要求可得满分,否则不得分	2		
		剪力墙板吊装	吊具连接	发布“吊具连接”指令,指挥主操人员选择吊孔,满足吊链与水平夹角不宜小于 60°。满足以上要求可得满分,否则不得分	1		

续表 3-3

序号	考核项	考核内容(工艺流程+质量控制+组织协调+安全施工)		评分标准	分值	评分	说明
1	剪力墙板吊装工艺流程(35 分)	剪力墙板吊装	剪力墙板试吊	发布“剪力墙板试吊”指令,指挥主操人员正确操作吊装设备起吊剪力墙板至距离地面约 300 mm,停滞,观察吊具是否安全。满足以上要求可得满分,否则不得分	2		
			剪力墙板吊运	发布“剪力墙板吊运”指令,指挥主操人员正确操作吊装设备吊运剪力墙板,缓起、匀升、慢落。满足以上要求可得满分,否则不得分	2		
			剪力墙板安装对位	发布“剪力墙板安装对位”指令,指挥主操人员正确操作吊装设备,正确使用工具(2 面镜子),将镜子放置于墙体两端钢筋相邻处,观察套筒与钢筋的位置关系,边调整剪力墙板位置边下落。满足以上要求可得满分,否则不得分	2		
		剪力墙板初固定		发布“剪力墙板初固定”指令,指挥主操人员正确使用工具(斜支撑、扳手、螺栓)临时固定墙板。满足以上要求可得满分,否则不得分	2		

续表 3-3

<table>
<tr><th>序号</th><th>考核项</th><th colspan="2">考核内容(工艺流程+质量控制+组织协调+安全施工)</th><th>评分标准</th><th>分值</th><th>评分</th><th>说明</th></tr>
<tr><td rowspan="4">1</td><td rowspan="4">剪力墙板吊装工艺流程(35分)</td><td rowspan="2">剪力墙板调整</td><td>剪力墙板位置测量及调整</td><td>发布“剪力墙板位置测量及调整”指令,指挥主操人员正确使用工具(钢卷尺、撬棍),先测量剪力墙位置是否符合要求,如误差>1 cm,则用撬棍进行调整。满足以上要求可得满分,否则不得分</td><td>2</td><td></td><td></td></tr>
<tr><td>剪力墙板垂直度测量及调整</td><td>发布“剪力墙板垂直度测量及调整”指令,指挥主操人员正确使用工具(钢卷尺、线坠或有刻度靠尺),检查垂直度是否符合要求,如误差>1 cm,则调整斜支撑进行校正。满足以上要求可得满分,否则不得分</td><td>2</td><td></td><td></td></tr>
<tr><td colspan="2">剪力墙板终固定</td><td>发布“剪力墙板终固定”指令,指挥主操人员正确使用工具(扳手)进行终固定。满足以上要求可得满分,否则不得分</td><td>2</td><td></td><td></td></tr>
<tr><td colspan="2">摘除吊钩</td><td>发布“摘除吊钩”指令,指挥主操人员摘除吊钩。满足以上要求可得满分,否则不得分</td><td>1</td><td></td><td></td></tr>
<tr><td rowspan="3">2</td><td rowspan="3">质量控制(20分)</td><td colspan="2">剪力墙板安装连接牢固程度</td><td rowspan="3">2号考核人员操作完毕后,由4号考核人员主导“剪力墙板吊装质量检查”(也可最后统一检查),根据测量数据判断是否符合标准,在误差范围之内得满分,否则不得分</td><td>6</td><td></td><td rowspan="3"></td></tr>
<tr><td colspan="2">剪力墙板安装位置误差范围(8 mm)</td><td>7</td><td></td></tr>
<tr><td colspan="2">剪力墙板垂直度误差范围(5 mm)</td><td>7</td><td></td></tr>
</table>

续表 3-3

<table>
<tr><th>序号</th><th>考核项</th><th colspan="2">考核内容(工艺流程+质量控制+组织协调+安全施工)</th><th>评分标准</th><th>分值</th><th>评分</th><th>说明</th></tr>
<tr><td rowspan="3">3</td><td rowspan="3">组织协调(15分)</td><td colspan="2">指令明确</td><td>指令明确,口齿清晰,无明显错误得满分,否则不得分</td><td>5</td><td></td><td rowspan="3"></td></tr>
<tr><td colspan="2">分工合理</td><td>分工合理,无窝工或分工不均情况得满分,否则不得分</td><td>5</td><td></td></tr>
<tr><td colspan="2">纠正错误操作</td><td>及时纠正主操人员错误操作,并给出正确指导得满分,否则不得分</td><td>5</td><td></td></tr>
<tr><td rowspan="2">4</td><td rowspan="2">安全施工</td><td colspan="2" rowspan="2">施工过程中严格按照安全文明生产规定操作,无恶意损坏工具、原材料且无因操作失误造成考试干系人伤害等行为</td><td>出现严重损坏设备、伤人事件,判定对应操作人员和主导人员不合格</td><td rowspan="2">合格/不合格/扣分</td><td rowspan="2"></td><td rowspan="2">1号不合格/2号不合格/3号不合格/4号不合格/扣 分,此处可多选</td></tr>
<tr><td>出现墙板碰撞、手放置于墙底等一般危险行为,则对对应人扣10分,主导人员制止则不扣分,未提前干预或制止则对主导人员扣10分,上不封顶</td></tr>
<tr><td colspan="8">二、主操考核项(30分)</td></tr>
<tr><td>序号</td><td>考核项</td><td colspan="2">考核内容(团队协作+工艺实操)</td><td>评分标准</td><td>分值</td><td>评分</td><td>说明</td></tr>
<tr><td>1</td><td>施工前准备与外墙挂板吊装(10分)</td><td colspan="2" rowspan="3">按照主导人指令完成工艺操作</td><td rowspan="3">(1)服从指挥,配合其他人员得5分。
(2)能正确使用工具和材料,按照主导人员指令完成工艺操作得5分。
满分10分,全部符合得10分,一项符合得5分,都不符合不得分</td><td>10/5/0</td><td></td><td rowspan="3">当主导人员指挥有误,如选取工具或材料错误,主操人员不能提醒,按照指令执行即可。此时扣主导人员分数,不扣主操人员分数</td></tr>
<tr><td>2</td><td>2号剪力墙板吊装(10分)</td><td>10/5/0</td><td></td></tr>
<tr><td>3</td><td>后浇段连接与工完料清(10分)</td><td>10/5/0</td><td></td></tr>
<tr><td colspan="2">总分</td><td>100</td><td>考核结果</td><td>合格/不合格</td><td>合计</td><td></td><td></td></tr>
<tr><td colspan="8">考官签字:</td></tr>
</table>

表 3-4 “构件安装——3 号考核人员”实操评分记录表

考核人员： 考核编号： 考场： 考核时间：

一、主导考核项(70 分)

序号	考核项	考核内容(工艺流程+质量控制+组织协调+安全施工)		评分标准	分值	评分	说明
1	后浇段连接(35 分)	连接钢筋处理	连接钢筋除锈	发布“连接钢筋除锈”指令，指挥主操人员正确使用工具(钢丝刷)对生锈钢筋进行处理，若没有生锈钢筋，则说明钢筋无需除锈。满足以上要求可得满分，否则不得分	1		
			钢筋长度检查	发布“连接钢筋长度检查”指令，指挥主操人员正确使用工具(钢卷尺)，对每个钢筋进行测量，指出不符合要求钢筋。满足以上要求可得满分，否则不得分	2		
			钢筋垂直度检查及校正	发布“钢筋垂直度检查及校正”指令，指挥主操人员正确使用工具(靠尺、钢管)对每个钢筋进行两个方向(90°夹角)测量，指出不符合要求钢筋，并用钢管校正。满足以上要求可得满分，否则不得分	2		
		工作面处理	凿毛处理	发布“凿毛处理”指令，指挥主操人员正确使用工具(铁锤、錾子)对定位线内工作面进行粗糙面处理。满足以上要求可得满分，否则不得分	1		

续表 3-4

序号	考核项	考核内容(工艺流程+质量控制+组织协调+安全施工)		评分标准	分值	评分	说明
1	后浇段连接(35 分)	工作面处理	工作面清理	发布“工作面清理”指令,指挥主操人员正确使用工具(扫把)对工作面进行清理。满足以上要求可得满分,否则不得分	1		
			洒水湿润	发布“洒水湿润”指令,指挥主操人员正确使用工具(喷壶)对水平工作面和竖向工作面进行洒水湿润处理。满足以上要求可得满分,否则不得分	1		
			接缝保温防水处理	发布“接缝保温防水处理”指令,指挥主操人员正确使用材料(橡塑棉条),根据图纸沿板缝填充橡塑棉条。满足以上要求可得满分,否则不得分	2		
		弹控制线		发布“弹控制线”指令,指挥主操人员正确使用工具(钢卷尺、墨盒、铅笔),根据已有轴线或定位线引出 200 ~ 500 mm 控制线。满足以上要求可得满分,否则不得分	3		
		钢筋连接	摆放水平钢筋	发布“摆放水平钢筋”指令,指挥主操人员根据图纸将水平钢筋摆放至指定位置,并用工具(扎钩、镀锌铁丝)临时固定。满足以上要求可得满分,否则不得分	2		
			竖向钢筋与底部连接钢筋连接	发布“竖向钢筋与底部连接钢筋连接”指令,首先确定连接方式是搭接还是直螺纹连接,假设为直螺纹连接,指挥主操人员依次安装竖向钢筋。满足以上要求可得满分,否则不得分	2		

续表 3-4

序号	考核项	考核内容(工艺流程+质量控制+组织协调+安全施工)		评分标准	分值	评分	说明
1	后浇段连接(35 分)	钢筋连接	钢筋绑扎	发布“钢筋绑扎”指令,指挥主操人员正确使用工具(扎钩)和材料(扎丝)依次绑扎钢筋连接处。满足以上要求可得满分,否则不得分	3		
			固定保护层垫块	发布“固定保护层垫块”指令,指挥主操人员正确使用工具(扎钩)和材料(扎丝、垫块)固定保护层垫块,一般垫块间距 500 mm 左右。满足以上要求可得满分,否则不得分	2		
		模板安装	粘贴防侧漏、底漏胶条	发布“粘贴防侧漏、底漏胶条”指令,指挥主操人员正确使用材料(胶条)沿墙边竖向粘贴胶条,沿板顶模板位置粘贴胶条。满足以上要求可得满分,否则不得分	2		
			模板选型	发布“模板选型”指令,指挥主操人员正确使用工具(钢卷尺)和肉眼观察选择合适模板。满足以上要求可得满分,否则不得分	2		
			粉刷脱模剂	发布“粉刷脱模剂”指令,指挥主操人员正确使用工具(滚筒)和材料(脱模剂)均匀涂刷与混凝土接触面。满足以上要求可得满分,否则不得分	2		

续表 3-4

序号	考核项	考核内容(工艺流程+质量控制+组织协调+安全施工)		评分标准	分值	评分	说明
1	后浇段连接(35分)	模板安装	模板初固定	发布“模板初固定”指令,指挥主操人员正确使用工具(扳手、螺栓、背楞)依次按照背楞并用扳手初固定。满足以上要求可得满分,否则不得分	3		
			模板位置检查与校正	发布“模板位置检查与校正”指令,指挥主操人员正确使用工具(钢卷尺、橡胶锤)检查模板安装位置是否符合要求,若误差>1 cm,则用橡胶锤进行位置调整。满足以上要求可得满分,否则不得分	2		
			模板终固定	发布“模板终固定”指令,指挥主操人员正确使用工具(扳手)对螺栓进行终拧。满足以上要求可得满分,否则不得分	2		
2	质量控制(20分)	钢筋连接质量	钢筋间距误差(10 mm,-10 mm)	3 号考核人员操作完毕后由 4 号考核人员主导“后浇段连接质量检查”(也可最后统一检查),根据测量数据判断是否符合标准 GB 50204—2015 要求。在误差范围内得满分,否则不得分	4		
			钢筋绑扎是否牢固		4		
			垫块布置间距 500 mm,误差(10 mm,-10 mm)		4		
		模板质量	牢固程度		4		
			位置误差(5 mm)		4		

续表 3-4

<table>
<tr><th>序号</th><th>考核项</th><th>考核内容(工艺流程+质量控制+组织协调+安全施工)</th><th>评分标准</th><th>分值</th><th>评分</th><th>说明</th></tr>
<tr><td rowspan="3">3</td><td rowspan="3">组织协调(15 分)</td><td>指令明确</td><td>指令明确,口齿清晰,无明显错误得满分,否则不得分</td><td>5</td><td></td><td rowspan="3"></td></tr>
<tr><td>分工合理</td><td>分工合理,无窝工或分工不均情况得满分,否则不得分</td><td>5</td><td></td></tr>
<tr><td>纠正错误操作</td><td>及时纠正主操人员错误操作,并给出正确指导得满分,否则不得分</td><td>5</td><td></td></tr>
<tr><td rowspan="2">4</td><td rowspan="2">安全施工</td><td rowspan="2">施工过程中严格按照文明生产规定操作,无恶意损坏工具、原材料且无因操作失误造成考试干系人伤害等行为</td><td>出现严重损坏设备、伤人事件,判定对应操作人和主导人不合格</td><td rowspan="2">合格/不合格/扣分</td><td rowspan="2"></td><td rowspan="2">1 号不合格/2 号不合格/3 号不合格/4 号不合格/扣 分,此处可多选</td></tr>
<tr><td>出现墙板碰撞、手放置于墙底等一般危险行为,则对对应人扣 10 分,主导人制止则不扣分,未提前干预或制止则对主导人扣 10 分,上不封顶</td></tr>
<tr><td colspan="7">二、主操考核项(30 分)</td></tr>
<tr><td>序号</td><td>考核项</td><td>考核内容(团队协作+工艺实操)</td><td>评分标准</td><td>分值</td><td>评分</td><td>说明</td></tr>
<tr><td>1</td><td>施工前准备与外墙挂板吊装(10 分)</td><td rowspan="3">按照主导人指令完成工艺操作</td><td rowspan="3">(1)服从指挥,配合其他人员得 5 分。
(2)能正确使用工具和材料,按照主导人指令完成工艺操作得 5 分。
满分 10 分,全部符合得 10 分,一项符合得 5 分,都不符合不得分</td><td>10/5/0</td><td></td><td rowspan="3">当主导人员指挥有误,如选取工具或材料错误,主操人员不能提醒,按照指令执行即可。此时扣主导人员分数,不扣主操人员分数</td></tr>
<tr><td>2</td><td>1 号剪力墙板吊装(10 分)</td><td>10/5/0</td><td></td></tr>
<tr><td>3</td><td>2 号剪力墙板吊装(10 分)</td><td>10/5/0</td><td></td></tr>
<tr><td colspan="2">总分</td><td>100 | 考核结果</td><td>合格/不合格</td><td>合计</td><td></td><td></td></tr>
<tr><td colspan="7">考官签字:</td></tr>
</table>

表 3-5　"构件安装——4 号考核人员"实操评分记录表

考核人员：　　考核编号：　　考场：　　考核时间：

一、主导考核项(70 分)

序号	考核项	考核内容(工艺流程+质量控制+组织协调+安全施工)		评分标准	分值	评分	说明
1	质量检验工艺流程(35 分)	外墙挂板吊装质量检验	外墙挂板连接牢固程度检验	发布"外墙挂板连接牢固程度检验"指令，指挥主操人员手动检验外墙挂板连接是否牢固，并做记录。满足以上要求可得满分，否则不得分	1		若检验不正确，则对 1 号考生质量控制"外墙挂板连接牢固程度(螺栓牢固)"考核项扣分
			外墙挂板安装位置检验	发布"外墙挂板安装位置检验"指令，指挥主操人员正确使用工具(钢卷尺)检查安装位置是否符合要求，并做记录。满足以上要求可得满分，否则不得分	2		若检验不正确，则对 1 号考生质量控制"外墙挂板安装位置"考核项扣分
			外墙挂板垂直度检验	发布"外墙挂板垂直度检验"指令，指挥主操人员正确使用工具(线坠、钢卷尺或带刻度靠尺)检测垂直度是否符合要求，并做记录。满足以上要求可得满分，否则不得分	2		若检验不正确，则对 1 号考生质量控制"外墙挂板垂直度"考核项扣分
			外墙挂板吊装质量检验表填写	根据以上实际测量数据，规范填写"外墙挂板吊装质量检验表"。满足以上要求可得满分，否则不得分	3		"外墙挂板吊装质量检验表填写"内容和 1 号考生质量控制一致，提前打印并发给考生

续表 3-5

序号	考核项	考核内容(工艺流程+质量控制+组织协调+安全施工)		评分标准	分值	评分	说明
1	质量检验工艺流程(35 分)	剪力墙板吊装质量检验	剪力墙板连接牢固程度检验	发布"剪力墙板连接牢固程度检验"指令,指挥主操人员手动检验剪力墙板连接是否牢固,并做记录。满足以上要求可得满分,否则不得分	1		若检验不正确,则对2号考生质量控制"剪力墙板安装连接牢固程度"考核项扣分
			剪力墙板安装位置检验	发布"剪力墙板安装位置检验"指令,指挥主操人员正确使用工具(钢卷尺)检验安装位置是否符合要求,并做记录。满足以上要求可得满分,否则不得分	2		若检验不正确,则对2号考生质量控制"剪力墙板安装位置"考核项扣分
			剪力墙板垂直度检验	发布"剪力墙板垂直度检验"指令,指挥主操人员正确使用工具(线坠、钢卷尺或带刻度靠尺)检测垂直度是否符合要求,并做记录。满足以上要求可得满分,否则不得分。	2		若检验不正确,则对2号考生质量控制"剪力墙板垂直度"考核项扣分
			剪力墙板吊装质量检验表填写	根据以上实际测量数据,规范填写"剪力墙板吊装质量检验表"。满足以上要求可得满分,否则不得分	3		"剪力墙板吊装质量检验表填写"内容和2号考生质量控制一致,提前打印并发给考生
		后浇段连接质量检验	钢筋间距检验	发布"钢筋间距检验"指令,指挥主操人员正确使用工具(钢卷尺)检验钢筋间距,根据图纸检查是否符合要求,并做记录。满足以上要求可得满分,否则不得分	2		若检验不正确,则对3号考生质量控制"钢筋间距"考核项扣分

续表 3-5

序号	考核项	考核内容(工艺流程+质量控制+组织协调+安全施工)		评分标准	分值	评分	说明
1	质量检验工艺流程(35分)	后浇段连接质量检验	钢筋牢固程度检验	发布“钢筋牢固程度检验”指令,指挥主操人员手动检验钢筋是否牢固,并做记录。满足以上要求可得满分,否则不得分	2		若检验不正确,则对3号考生质量控制“钢筋绑扎牢固程度”考核项扣分
1	质量检验工艺流程(35分)	后浇段连接质量检验	垫块间距检验	发布“垫块间距检验”指令,指挥主操人员正确使用工具(钢卷尺)检验间距是否符合要求,并做记录。满足以上要求可得满分,否则不得分	2		若检验不正确,则对3号考生质量控制“垫块间距”考核项扣分
1	质量检验工艺流程(35分)	后浇段连接质量检验	模板安装牢固程度检验	发布“模板安装牢固程度检验”指令,指挥主操人员正确使用工具(橡胶锤)检验是否牢固,并做记录。满足以上要求可得满分,否则不得分	2		若检验不正确,则对3号考生质量控制“模板安装牢固程度”考核项扣分
1	质量检验工艺流程(35分)	后浇段连接质量检验	模板位置检验	发布“模板位置检验”指令,指挥主操人员正确使用工具(钢卷尺)检验是否符合要求,并做记录。满足以上要求可得满分,否则不得分	2		若检验不正确,则对3号考生质量控制“模板位置”考核项扣分
1	质量检验工艺流程(35分)	后浇段连接质量检验	后浇段连接质量检验表填写	根据以上实际测量数据,规范填写“后浇段连接质量检验表”。满足以上要求可得满分,否则不得分	3		“后浇段连接质量检验表填写”内容和3号考生质量控制一致,提前打印并发给考生

续表 3-5

序号	考核项	考核内容(工艺流程+质量控制+组织协调+安全施工)		评分标准	分值	评分	说明
1	质量检验工艺流程(35分)	拆除并复位考核设备	拆除并复位模板	发布“拆除并复位模板”指令,指挥主操人员正确使用工具(扳手)依据先装后拆的原则拆除模板,并将模板放置于原位。满足以上要求可得满分,否则不得分	1		
			拆除并复位钢筋	发布“拆除并复位钢筋”指令,指挥主操人员正确使用工具(钢丝钳)依据先装后拆的原则拆除钢筋,并将钢筋放置于原位。满足以上要求可得满分,否则不得分	1		
			拆除构件并放置于存放架	发布“拆除构件并放置于存放架”指令,指挥主操人员正确使用吊装设备,依据先装后拆的原则拆除构件,并将构件放置于存放架。满足以上要求可得满分,否则不得分	1		
		工具入库		发布“工具入库”指令,指挥主操人员清点工具,对需要保养的工具(如工具污染、损坏)进行保养或交于工作人员处理。满足以上要求可得满分,否则不得分	1		
		材料回收		发布“材料回收”指令,指挥主操人员清点回收可再利用材料,放置到原位。满足以上要求得满分,否则不得分	1		

续表 3-5

<table>
<tr><th>序号</th><th>考核项</th><th colspan="2">考核内容(工艺流程+质量控制+组织协调+安全施工)</th><th>评分标准</th><th>分值</th><th>评分</th><th>说明</th></tr>
<tr><td>1</td><td>质量检验工艺流程(35分)</td><td colspan="2">场地清理</td><td>发布“场地清理”指令，指挥主操人员正确使用工具(扫把)清理模台和地面,清理完毕后归还清理工具。满足以上要求可得满分,否则不得分</td><td>1</td><td></td><td></td></tr>
<tr><td rowspan="9">2</td><td rowspan="9">质量控制(20分)</td><td colspan="2">外墙挂板吊装质量检验表填写质量</td><td rowspan="3">填写数据规范完整,不得漏填、错填。满足以上要求得满分,否则不得分</td><td>3</td><td></td><td rowspan="9"></td></tr>
<tr><td colspan="2">剪力墙板吊装质量检验表填写质量</td><td>3</td><td></td></tr>
<tr><td colspan="2">后浇段连接质量检验表填写质量</td><td>3</td><td></td></tr>
<tr><td rowspan="3">设备复位</td><td>构件复位</td><td rowspan="3">拆除设备需放置于原位,分类明确,摆放整齐。满足以上要求得满分,否则不得分</td><td>2</td><td></td></tr>
<tr><td>钢筋、模板复位</td><td>2</td><td></td></tr>
<tr><td>辅件复位</td><td>2</td><td></td></tr>
<tr><td colspan="2">工具入库</td><td>归还工具放置于原位,分类明确,摆放整齐。满足以上要求得满分,否则不得分</td><td>2</td><td></td></tr>
<tr><td colspan="2">材料回收</td><td>要求将再利用材料放置于原位,分类明确,摆放整齐。满足以上要求得满分,否则不得分。</td><td>2</td><td></td></tr>
<tr><td colspan="2">场地清理</td><td>场地和模台清洁干净,无垃圾(扎丝)。满足以上要求得满分,否则不得分</td><td>1</td><td></td></tr>
</table>

续表 3-5

序号	考核项	考核内容(工艺流程+质量控制+组织协调+安全施工)	评分标准	分值	评分	说明
3	组织协调(15分)	指令明确	指令明确,口齿清晰,无明显错误得满分,否则不得分	5		
		分工合理	分工合理,无窝工或分工不均情况得满分,否则不得分	5		
		纠正错误操作	及时纠正主操人员错误操作,并给出正确指导得满分,否则不得分	5		
4	安全施工	施工过程中严格按照安全文明生产规定操作,无恶意损坏工具、原材料且无因操作失误造成考试干系人伤害等行为	出现严重损坏设备、伤人事件,判定对应操作人和主导人不合格	合格/不合格/扣分		1号不合格/2号不合格/3号不合格/4号不合格/扣 分,此处可多选
			出现墙板碰撞、手放置于墙底等一般危险行为,则对对应人扣10分,主导人制止则不扣分,未提前干预或制止则对主导人扣10分,上不封顶			

二、主操考核项(30分)

序号	考核项	考核内容(团队协作+工艺实操)	评分标准	分值	评分	说明
1	施工前准备与外墙挂板吊装(10分)	按照主导人指令完成工艺操作	(1)服从指挥,配合其他人员得5分。 (2)能正确使用工具和材料,按照主导人员指令完成工艺操作得5分。 满分10分,全部符合得10分。一项符合得5分,都不符合不得分	10/5/0		当主导人员指挥有误,如选取工具或材料错误,主操人员不能提醒,按照指令执行即可。此时扣主导人员分数,不扣主操人员分数
2	1号剪力墙板吊装(10分)			10/5/0		
3	2号剪力墙板吊装(10分)			10/5/0		
总分		100	考核结果	合格/不合格	合计	

考官签字:

知识点 4:装配式建筑节点连接施工

1. 浆锚连接

1)浆锚连接简介

浆锚连接是钢筋之间的连接,包括 NPC 浆锚连接和螺旋钢筋浆锚连接,这两种浆锚灌浆连接施工方法相同,都是在预制构件时预留孔洞,施工时将预留钢筋插入预留孔洞中,通过向预留的灌浆孔灌浆直至灌满,经过养护达到强度。

2)浆锚连接施工方法

浆锚连接施工包括清理界面、分仓及封堵、灌浆料的制备、注浆孔封堵、注浆、出浆孔封堵、养护等步骤,同套筒灌浆施工方法。

2. 套筒灌浆连接

1)套筒灌浆连接简介

钢筋套筒灌浆连接接头由钢筋、灌浆套筒、灌浆料三部分组成,其中灌浆套筒分半灌浆套筒和全灌浆套筒。半灌浆套筒连接的接头一端为灌浆连接,另一端为机械连接;全灌浆套筒连接的接头两端均为灌浆连接。

2)套筒灌浆连接工艺流程

套筒灌浆连接工艺流程如图 3-13 所示。

3)套筒灌浆连接施工步骤

(1)作业准备。

①灌浆作业前应制订灌浆操作的专项质量保证措施。灌浆施工的操作人员应经专业培训后上岗。

②套筒灌浆连接应采用由接头型式检验确定的相匹配的灌浆套筒、灌浆料。预制构件内已安装的灌浆套筒,其接头型式检验报告中的灌浆料为首选材料。灌浆料使用及灌浆连接应符合接头提供单位的技术要求。

③施工现场灌浆料宜存储在室内,并采取有效的防雨、防潮、防晒措施,避免灌浆料受潮失效。灌浆料使用时应检查产品包装上印制的有效期和产品的外观,无过期和异常后方可开袋使用。

④每工作班应检查灌浆料拌和物初始流动度不少于 1 次,确认合格后,方可用于灌浆;留置的灌浆料强度检验试件的数量应符合验收及施工控制要求。

(2)分仓及封堵。

①预制构件安装校正固定稳妥后,使用风机清理预留板缝,并用水将封堵部位润湿,周边的缝隙用 1:2.5 水泥砂浆填塞密实、抹平,砂浆内掺加水泥用量 10%的 107 胶。当缝隙宽大于 3 cm 时,应用 C20 细石混凝土浇筑密实。塞缝作业时应注意避免堵塞注浆孔及灌浆连通腔。

②预制墙板封堵时采用分仓处理,将墙体按照 60 cm 长度进行分仓,分仓节点采用长度 40 cm、直径 25 mm 的蛇皮软管进行分隔。墙体外侧封堵时为填抹密实并防止封堵过深堵住套筒里孔,里侧采用直径 18 mm 的蛇皮管作内衬,封堵完毕后及时将内衬抽出,抽出内衬时尽量不扰动抹好的封堵材料。

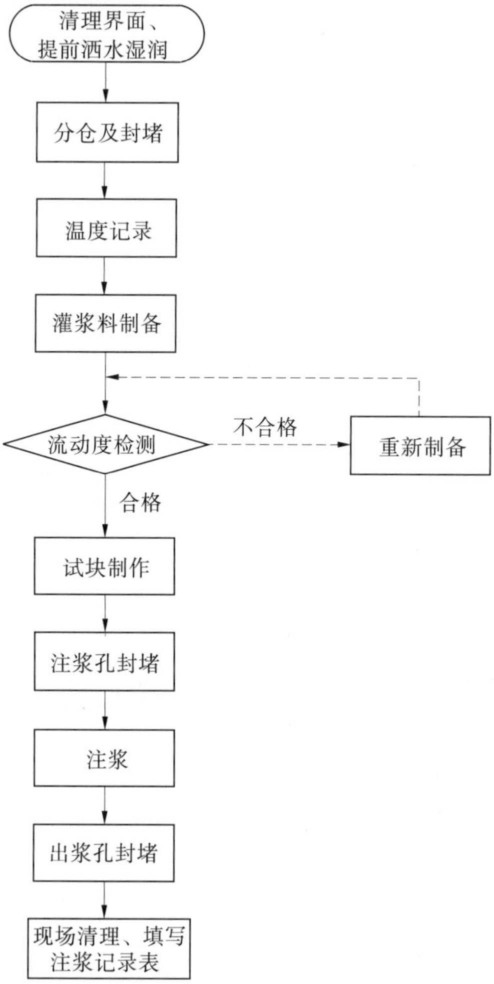

码 3-9　视频:构件灌浆工艺

码 3-10　视频:构件灌浆施工

图 3-13　套筒灌浆连接施工工艺流程

(3)拌制灌浆料。

灌浆料的拌和用水应符合《混凝土用水标准》(JGJ 63—2006)的有关规定及产品说明书的要求;拌和水量应按灌浆料使用说明书要求确定,并按重量计量。灌浆料拌和应采用电动设备。拌制灌浆料,首先将全部拌和水加入搅拌桶,然后加入约 70%的灌浆干粉料,搅拌至大致均匀(1~2 min),最后将剩余干料全部加入,再搅拌 3~4 min 至浆体均匀,静置 2~3 min 排气,使浆料气泡自然排出后使用,然后注入灌浆泵中进行灌浆作业。

(4)流动度检测。

准备好玻璃板和截锥圆模,将玻璃表面和试模内表面湿润但不得有明水;把试模放置于玻璃中间;将灌浆料浆体倒入截锥圆模内,直至与截锥圆模上口平齐;慢慢提起截锥圆模,让浆体在无扰动的条件下自由流动直至停止;测量浆体最大扩散直径及与其垂直的直径,计算平均值,精确到 1 mm,作为流动度。应在 6 min 内完成上述搅拌和测量过程,流动度不小于 300 mm 为合格。

(5)注浆作业。

砂浆封堵 45 min 后可开始进行灌浆作业,宜采用机械灌浆。同一分仓要求注浆连续进行,每次拌制的浆料需在 30 min 内用完。注浆封堵宜采用专用橡胶塞封堵。

竖向钢筋套筒灌浆连接,应采用压浆法将灌浆料从灌浆套筒下方灌浆孔注入,当灌浆料从构件其他灌浆孔、出浆孔流出后应及时封堵。

竖向钢筋套筒灌浆连接采用连通腔灌浆时,宜采用一点灌浆的方式。当一点灌浆遇到问题而需要改变灌浆点时,各套筒已封堵灌浆孔、出浆孔应重新打开,待灌浆料拌和物再次流出后进行封堵。

水平钢筋套筒灌浆连接,应采用压浆法将灌浆料从灌浆套筒灌浆孔注入,当灌浆套筒灌浆孔、出浆孔的连接管或连接头处的灌浆料拌和物均高于套筒外表面最高点时,应停止灌浆,及时封堵。

(6)试块制作。

灌浆料需要在现场制作试块,每个施工段最少留置一组灌浆试块,每个楼层最少三组。用三联强度试模做标准养护试块,抗压强度试件采用尺寸为 40 mm×40 mm×160 mm 的棱柱体,灌浆料在试模内成型后在室内静置 2 h,然后移入养护箱内,在标准养护条件下 28 d 后进行抗压强度试验。

4)套筒灌浆施工注意事项

(1)钢筋套筒灌浆前,应有钢筋套筒型式检验报告及钢筋套筒连接接头工艺检验报告,应在施工现场模拟构件连接接头的灌浆方式,每种规格钢筋应制作不少于 3 个套筒灌浆连接接头,进行灌注质量以及接头抗拉强度的检验及工艺检验;当钢筋套筒连接接头工艺检验结果与检验报告有较大差异时,应再次进行工艺检验,经检验合格后,方可进行灌浆作业。

(2)预留连接钢筋位置和长度应满足设计要求。

(3)每块预制墙板套筒连接灌浆时,为保证灌浆饱满及钢筋套筒连接接头灌浆操作的可行性,应合理划分连通灌浆区域;每个区域除预留灌浆孔、出浆孔与排气孔,应形成密闭空腔,不应漏浆。

灌浆施工时,环境温度应符合灌浆料产品使用说明书要求。灌浆施工时环境温度应高于 5 ℃,必要时应对连接处采取保温加热措施,保证浆料在 48 h 凝结硬化过程中连接部位温度不低于 10 ℃,低于 0 ℃时不得施工。当环境温度高于 30 ℃时,应采取降低灌浆料拌和物温度的措施。

(4)对首次施工,宜选择有代表性的单元或部位进行试制作、试安装、试灌浆。

(5)灌浆操作全过程应有专职检验人员负责现场监督并及时形成施工检查记录,做好灌浆作业全过程影像记录,保证全过程可追溯。

(6)预制构件就位前,先检查下列内容:

①套筒、预留孔的规格、位置、数量和深度。

②被连接钢筋的规格、数量、位置;当套筒、预留孔内有杂物时,应清理干净;当连接钢筋倾斜时,应进行校直。连接钢筋偏离套筒或孔洞中心线不宜超过 2 mm。

③钢筋套筒灌浆连接接头应按检验批划分要求及时灌浆。

(7)灌浆料搅拌完成后,任何情况下不得再次加水,散落的拌和物不得二次使用,剩余的拌和物不得再次添加灌浆料、水后混合使用。

(8)灌浆施工应采用一点灌浆的方式进行;当一点灌浆遇到问题而需要改变灌浆点时,各灌浆套筒已封堵灌浆孔、出浆孔的,应重新打开,待灌浆料拌和物再次流出后进行封堵。

(9)当灌浆施工出现无法出浆的情况时,对于未密实饱满的竖向连接灌浆套筒,当在灌浆料加水拌和 30 min 内时,应首选在灌浆孔补灌;当灌浆料拌和物已无法流动时,可以在出浆孔补灌,应采用手动设备结合细管压力灌浆。补灌应在灌浆料拌和物达到设计规定的位置后停止,并应在灌浆料凝固后再次检查其位置是否符合设计要求。灌浆料同条件养护试件抗压强度达到 35 MPa 后,方可进行对接头有扰动的后续施工;临时固定措施的拆除应在灌浆料抗压强度能确保结构达到后续施工承载要求后进行。

3.9 评价反馈

学生进行自评,评价自己是否能完成预制柱、预制墙板、预制叠合梁、预制叠合板的吊装施工工艺的学习,是否能完成预制外挂墙板的安装施工、预制墙板的后浇带施工、预制墙板套筒灌浆连接施工实操,是否能按时完成报告等实训成果资料,有无任务遗漏。老师对学生的评价内容包括:报告书写是否工整规范,报告内容数据是否正确、真实合理,阐述是否详细,认识体会是否深刻,实验结果分析是否合理,是否起到实训的作用。

(1)学生进行自我评价,并将结果填入表 3-6 学生自评表中。

表 3-6 学生自评表

班级：	姓名：	学号：	
学习情境 3	装配式建筑构件吊装施工		
评价项目	评价标准	分值	得分
预制构件吊装用吊索和吊具的学习	掌握各种吊索的选择方法、安全使用方法和报废条件；掌握各种吊具种类、使用范围、安全使用方法和报废条件	5	
预制构件吊装工艺流程	能正确写出各种预制构件的吊装施工工艺流程和要求	10	
后浇带施工工艺流程	掌握竖向后浇带施工工艺流程，后浇带钢筋、模板、混凝土施工要求和方法	10	
套筒灌浆施工工艺流程	掌握套筒灌浆工艺流程、灌浆封仓方法、封缝料的制备方法、灌浆料的制备方法、灌浆料流动度检测方法和合格标准、灌浆料试块制备方法	10	
“1+X”装配式建筑构件制作与安装职业技能等级证书考试关于构件安装施工规定	根据“1+X”装配式建筑构件制作与安装职业技能等级证书考试要求，按照图纸对外挂墙板、预制墙板吊装，后浇带施工在实训室进行实际操作	15	
工作态度	态度端正，无缺勤、迟到、早退现象	10	
工作质量	能按计划完成工作任务，质量较好	10	
协调能力	与小组成员、同学之间能合作交流，协调工作	10	
职业素质	能做到安全生产、文明施工、保护环境、爱护公共设施	10	
创新意识	能通过各种途径和手段自主解决问题	10	
合计		100	

(2)学生以小组为单位,对以上学习情境的过程与结果进行互评,将互评结果填入表 3-7 学生互评表中。

表 3-7 学生互评表

学习情境 3		装配式建筑构件吊装施工													
评价项目	分值	等级								评价对象(组别)					
										1	2	3	4	5	6
计划合理	8	优	8	良	7	中	6	差	4						
方案准确	8	优	8	良	7	中	6	差	4						
团队合作	8	优	8	良	7	中	6	差	4						
组织有序	8	优	8	良	7	中	6	差	4						
工作质量	8	优	8	良	7	中	6	差	4						
工作效率	8	优	8	良	7	中	6	差	4						
工作完整	10	优	10	良	8	中	6	差	5						
工作规范	16	优	16	良	13	中	10	差	8						
成果报告	16	优	16	良	13	中	10	差	8						
成果展示	10	优	10	良	8	中	6	差	5						
合计	100														

（3）教师对学生工作过程与工作结果进行评价，并将评价结果填入表 3-8 教师综合评价表中。

表 3-8　教师综合评价表

<table>
<tr><td colspan="2">班级：</td><td colspan="3">姓名：　　　　　　学号：</td></tr>
<tr><td colspan="2">学习情境 3</td><td colspan="3">装配式建筑构件吊装施工</td></tr>
<tr><td colspan="2">评价项目</td><td>评价标准</td><td>分值</td><td>得分</td></tr>
<tr><td colspan="2">考勤（10%）</td><td>不迟到、不早退、不旷课</td><td>10</td><td></td></tr>
<tr><td rowspan="8">工作过程（60%）</td><td>预制构件吊装用吊索和吊具的学习</td><td>掌握各种吊索的选择方法，安全使用方法和报废条件；掌握各种吊具种类，使用范围，安全使用方法和报废条件</td><td>5</td><td></td></tr>
<tr><td>预制构件吊装工艺流程</td><td>能正确写出各种预制构件的吊装施工工艺流程和要求</td><td>10</td><td></td></tr>
<tr><td>后浇带施工工艺流程</td><td>掌握竖向后浇带施工工艺流程，后浇带钢筋、模板、混凝土施工要求和方法</td><td>10</td><td></td></tr>
<tr><td>套筒灌浆施工工艺流程</td><td>掌握套筒灌浆工艺流程，灌浆封仓方法，封缝料的制备、灌浆料的制备方法，掌握灌浆料流动度检测方法和合格标准，灌浆料试块制备方法</td><td>5</td><td></td></tr>
<tr><td>“1+X”装配式建筑构件制作与安装职业技能等级证书考试关于构件安装施工规定</td><td>根据“1+X”装配式建筑构件制作与安装职业技能等级证书考试要求，按照图纸对外挂墙板、预制墙板吊装，后浇带施工在实训室进行实际操作</td><td>10</td><td></td></tr>
<tr><td>工作态度</td><td>态度端正，工作认真主动</td><td>10</td><td></td></tr>
<tr><td>协调能力</td><td>与小组成员、同学之间能合作交流，协调工作</td><td>5</td><td></td></tr>
<tr><td>职业素质</td><td>能做到安全生产、文明施工、保护环境、爱护公共设施</td><td>5</td><td></td></tr>
<tr><td rowspan="4">项目成果（30%）</td><td>工作完整</td><td>能按时完成任务</td><td>5</td><td></td></tr>
<tr><td>工作规范</td><td>能按要求步骤识读图纸</td><td>10</td><td></td></tr>
<tr><td>读图报告</td><td>能正确识读图纸并高质量完成读图报告</td><td>10</td><td></td></tr>
<tr><td>成果展示</td><td>成果报告规范清晰整洁</td><td>5</td><td></td></tr>
<tr><td colspan="3">合计</td><td>100</td><td></td></tr>
</table>

<table>
<tr><td rowspan="2">综合评价</td><td>自评
（20%）</td><td>小组互评
（30%）</td><td>教师评价
（50%）</td><td>综合得分</td></tr>
<tr><td></td><td></td><td></td><td></td></tr>
</table>

学习情境 4　装配式建筑质量验收

4.1　学习情境描述

装配式建筑质量验收不同于以往现浇混凝土建筑质量验收，装配式建筑质量验收需要先进行构件生产过程质量验收和构件成品质量验收，然后进行安装施工过程质量验收和施工完成后分部分项工程质量验收。

在掌握以上验收内容和方法后，能正确对构件生产过程、构件生产成品、构件安装施工过程和安装施工后分部分项实体进行验收，对验收不合格的产品进行处理。

4.2　学习目标

(1)掌握预制构件生产过程中模具验收的一般规定，主控项目和一般项目验收的内容、标准及检验方法。

(2)掌握预制构件生产过程中钢筋和预埋件验收的一般规定，主控项目和一般项目验收的内容、标准及检验方法。

(3)掌握预制构件生产过程中混凝土验收的一般规定，主控项目和一般项目验收的内容、标准及检验方法。

(4)掌握预制构件成品验收的一般规定，主控项目和一般项目验收的内容、标准及检验方法，预制构件验收合格标准。

(5)掌握预制构件进场验收程序、内容、标准。

(6)掌握预制混凝土构件安装施工过程质量检验内容。

(7)掌握装配式混凝土结构子分部工程验收内容。

4.3　任务书

在学习装配式混凝土预制构件生产质量和安装施工质量检验的基础上，对预制构件生产过程质量、成品质量进行检验，对施工过程的质量和成品质量进行检验。

4.4　任务分组

填写学生任务分配表(见表 4-1)。

表 4-1　学生任务分配表

<table>
<tr><td>班级</td><td colspan="2"></td><td colspan="2">组号</td><td colspan="2"></td><td>指导老师</td><td colspan="2"></td></tr>
<tr><td>组长</td><td colspan="2"></td><td colspan="2">学号</td><td colspan="2"></td><td></td><td colspan="2"></td></tr>
<tr><td rowspan="4">组员</td><td colspan="2">姓名</td><td colspan="2">学号</td><td colspan="3">姓名</td><td colspan="2">学号</td></tr>
<tr><td colspan="2"></td><td colspan="2"></td><td colspan="3"></td><td colspan="2"></td></tr>
<tr><td colspan="2"></td><td colspan="2"></td><td colspan="3"></td><td colspan="2"></td></tr>
<tr><td colspan="2"></td><td colspan="2"></td><td colspan="3"></td><td colspan="2"></td></tr>
<tr><td colspan="10">任务分工</td></tr>
</table>

4.5　工作准备

(1)阅读任务书,收集下列规程、规范:

《装配式混凝土结构技术规程》(JGJ 1—2014);

《装配式混凝土结构工程施工与质量验收规程》(DB42/T 1225—2016);

《装配式混凝土建筑技术标准》(GB/T 51231—2016)。

(2)认真阅读规范、规程中有关质量验收部分的内容。

4.6　思政导引

北京冬奥场馆——绿色办奥,智能建造的大国担当

2022 年 2 月 4 日,第 24 届冬季奥运会正式开幕,北京成为首个“双奥”之城,这是一个全世界华人都引以为傲的日子。开幕式从春芽到蒲公英,从黄河之水到五环破冰,从一群群白鸽到一片片雪花,无一不展示着中国人独有的浪漫,而浪漫的背后也蕴藏着中国科技、智慧、美学、智造的庞大力量。

开幕式现场,大型视频显示装置“冰瀑”缓缓开启,一瞬间燃爆全场。“冰瀑”钢结构成品高约 60 m,用钢量 1 000 多 t,有 6 000 多根构件。作为最基础的结构装置,后期集成系统、升降系统包括 LED 显示屏等系统,都需要在钢结构装置上去架设,因此对于钢结构构件焊缝和安装误差要求极为苛刻,相关单位使用先进的智能制造设备、智能箱型生产线、焊接机器人、数控平面钻、三维钻等来保证装置一次成型,装配误差不超过 1.5 mm。

冰球比赛主场馆装配式运动员更衣室项目,采用绿色、低挥发性有机化合物和可持续性循环利用的建筑材料施工,通过源头控制、施工全过程闭环质量控制,最大限度降低了挥发性污染物浓度,提供了安全健康的室内环境。更衣室采用了国家“十三五”重点研发计划项目的研发成果,装配式建筑气密性产品——中建绿膜,配合高性能的外维护构造设计,耐火时间可达 1 h 以上,隔音系数达 45 dB 以上。此外,项目配电及照明系统设备均采用节能、高效型产品,切实践行“绿色”理念。同时借助 BIM 信息化方式,通过管线分离和装配式内装系统(SI 体系)等技术手段建造,整体装配率达 95%以上。项目在前期已充分考虑到建筑全生命期,为赛后投入社会二次使用预留了丰富改造空间,现有更衣室在赛后既可拆分成 8 个独立的箱体单独使用,也可通过水平拼接或竖向叠加组合使用,实现奥运遗产的重复利用,创造新价值。

位于国家体育场内的相关职能办公室、部分集中办公楼以及奥林匹克公园公共区安保楼采用装配式装修体系,项目总工程量为 4 200 m^2。该装配式装修部件工厂化率达到 90%以上,装修地面所采用的自饰面地板是通过工厂智能化生产,经重重检测,多项把关,确保每一块板材符合标准,从而应用于装修现场的。该墙板不仅零污染、零甲醛,还具有优越的防火性能和耐潮性能。并且,装配式装修架空地面部件在材质上具有承载力大、耐久性好、整体性好的特点,架空模块所具有的自调平系统也使得地面更加平整,在保证装修质量的同时,装修效果更加美观。此外,装配式装修部件可配备质量追溯功能,部件都有各自的标码,出现问题可追溯到施工或生产环节,保障装修质量。本次仅用 5 天便完成

了 4 200 m^2 的地面铺设，为项目整体进度赢得了时间。

位于冬奥会张家口赛区核心区崇礼太子城冰雪小镇的安检、防疫、运动员休息区、车检等各类临时项目由苏州某公司提供装配式篷房安装。该项目共计使用 56 套装配式篷房，面积达 2 万 m^2。此次冬奥会安装的装配式篷房更加突出安全、保温等要素，冬奥会期间，崇礼夜间最低温度接近-20 ℃。室外温度低，运行期间对室内温度却有着严苛的规定，这对篷房控温来说是个挑战。为此，此次篷房安装的是双层的篷布加上保温棉，还配备了先进的取暖保温设备，可以让人在“冰天雪地”中感到十足的“暖”意，为运动员和工作人员提供温暖舒适的休息、工作空间。在安全方面，冬奥会篷房铝合金的厚度和强度比一般性的篷房厚得多、强得多，地面部分铺设了两层木板和一层硅酸钙板，加上用了高强度螺栓固定，安全系数大大提高。

“山林场馆，生态冬奥”是延庆赛区的总体规划设计理念。从 2015 年开始至 2022 年初，延庆赛区生态保护和修复工作已历时 6 年多。从详细摸底到科学评估，再到严格实践，因场馆和基础设施建设可能产生的负面影响被降至最低，建成了“体育与生态共生”的绿色奥运典范工程。在国家高山滑雪中心，设计单位借鉴中国传统山地民居的“干阑”式做法，研发出“弱介入、可逆式、装配化”高山架空平台，顺着山坡谷地叠落分布和建造，最大程度减少了对山林环境的扰动，并可根据赛后运营需求恢复地形原貌。“北京冬奥会场馆建设始终贯彻绿色办奥的理念。这是时代的召唤，也是人民的呼声。”把传统文化、建筑创作与当代科技高度结合，通过“技术引导意匠”和“人工交互自然”，追求人工建造与大自然的和谐相融，达到一种互成共生的美好状态和情境。“胜景几何”理念应用于延庆赛区，演变为“山林场馆，生态冬奥”的设计理念，技术与意匠、人工与自然悄然对话，在满足精彩奥运赛事要求的基础上，力求建造一个融于自然山林的绿色冬奥赛区。

习近平总书记在党的二十大报告中指出：“尊重自然、顺应自然、保护自然，是全面建设社会主义现代化国家的内在要求。”在习近平生态文明思想的科学指引下，污染防治攻坚向纵深推进，绿色、循环、低碳发展迈出坚实步伐，生态环境保护发生历史性、转折性、全局性变化，我们的祖国天更蓝、山更绿、水更清。新征程上，我们必须牢固树立和践行绿水青山就是金山银山的理念，站在人与自然和谐共生的高度谋划发展，书写美丽中国建设新篇章。

北京冬奥会是在全党全国各族人民向第二个百年奋斗目标迈进的关键时期举办的重大标志性活动，我国克服各种困难挑战向世界奉献了一届简约、安全、精彩的奥运盛会，全面兑现了对国际社会的庄严承诺，体现了世界情怀和大国担当。北京冬奥会用一场艺术与体育的对话，让全世界看到了真诚、善良、勇敢、浪漫的中国美学，同时也让世界看到了中国人绿色办奥的理念以及中国科技、智能建造的力量。

北京冬奥会的成功举办，发出了“一起向未来”这一顺应历史潮流的时代强音，促进了不同文明交流互鉴，为推动全球团结合作、共克时艰作出了重要贡献，是为人类战胜挑战作出的中国贡献，引导我们深刻认识构建人类命运共同体的重大意义。我们要勇担当、作贡献，做奋发有为的新时代青年，努力为实现第二个百年奋斗目标、实现中华民族强国伟业，为推动人类文明进步、共同创造人类更加美好的未来作出应有的贡献。

4.7 工作实施

引导问题 1:预制构件的质量检验包括哪几个方面? 由谁进行检验?

引导问题 2:预制构件制作前应编制生产方案,具体包括哪些内容?

引导问题 3:钢筋连接套筒与工程实际采用的钢筋、灌浆料的匹配性工艺检验由哪个单位进行?

引导问题 4:预制构件出厂交付时,应向使用方提供的验收资料有哪些?

引导问题 5:预制构件生产使用的模具,其质量验收的主控项目有哪些内容?

引导问题 6:预制构件模具尺寸偏差检验的项目有哪些?

引导问题 7：在实训室取一个模具，测量其尺寸偏差，将偏差值写出来并判断其是否在允许偏差范围内。

长度偏差：

宽度（高度）偏差：

平整度偏差：

对角线差：

侧向弯曲偏差：

翘曲偏差：

组装缝隙偏差：

端模与侧模高低差偏差：

引导问题 8：在实训室测量模具上预留洞的位置，并写下预留洞的位置测量数据和位置偏差，说明偏差值是否在允许范围内。

X 向：

Y 向：

引导问题 9：预制构件的预埋件预留孔洞安装偏差有哪些项？

引导问题 10：钢筋和预埋件施工完后需要进行隐蔽工程检查，检查应包括哪些项目？

引导问题 11:预制构件的钢筋网片允许偏差项目有哪些?

引导问题 12:预制构件的钢筋骨架允许偏差项目有哪些?

引导问题 13:预制构件的钢筋桁架允许偏差项目有哪些?

引导问题 14:预制构件的预埋锚板加工尺寸允许偏差包括哪些项目?

引导问题 15:预制构件的混凝土抗压强度检验应符合哪些规定?

引导问题 16:哪些预制构件需要进行结构性能检验?在进行结构性能检验时检验批取样数量如何确定?

引导问题 17:预制构件尺寸偏差检验时,检验批取样数量如何确定?

引导问题 18:预制楼板类构件外形尺寸允许偏差的检查项目有哪些?

引导问题 19:预制墙板类构件的厚度偏差如何测量?

引导问题 20:预制墙板类构件的对角线差如何测量?

引导问题 21:预制墙板类构件的翘曲如何测量?

引导问题 22:预制构件的验收合格标准是什么?

引导问题 23：在实训室，取一个预制剪力墙，测量其构件质量并进行验收，并将验收结果写下来，判断该构件是否合格。

1. 主控项目

2. 一般项目

高度偏差：　　宽度偏差：

厚度偏差：　　对角线差：

内表面平整度：　　外表面平整度：

侧向弯曲：　　扭翘：

预埋钢板中心线位置偏移：　　预埋钢板平面高差：

预埋螺栓中心线位置偏移：　　预埋螺栓外露长度：

预埋套筒、螺母中心线位置偏移：　　预埋套筒、螺母平面高差：

预留插筋中心线位置偏移：　　预留插筋外露长度：

灌浆套筒中心线位置：　　连接钢筋中心线位置：

连接钢筋外露长度：

判断是否合格结论：

是否合格的原因是：

引导问题 24：预制构件进场验收包括哪几部分内容？

引导问题 25:预制构件进场观感验收的内容和合格标准是什么?

引导问题 26:预制构件进场性能检验有哪些内容? 构件性能检验如何取样?

引导问题 27:钢筋套筒灌浆料原材料应该做哪些试验? 材料取样数量如何确定?

引导问题 28:施工现场灌浆施工时,灌浆料抗压强度试验试块取样数量如何确定? 试块规格是多少?

引导问题 29:钢筋套筒灌浆连接接头抗拉强度应该满足什么要求?

引导问题 30：后浇混凝土模板施工允许偏差项目有哪些？检验批检查数量如何确定？

____

____

____

____

引导问题 31：在实训室内测量一个后浇带模板和支撑、钢筋及预埋件安装位置偏差值，并做好记录。

模板安装位置偏差：________________

轴线位置：________________ 底模上表面标高：________________

截面内部尺寸：________________ 层高垂直度：________________

相邻两板表面高低差：________________ 表面平整度：________________

连接钢筋中心线位置：________________ 连接钢筋长度：________________

灌浆套筒中心线位置：________________ 灌浆套筒长度：________________

安装用预埋件中心线位置：________________ 安装用预埋件水平偏差：________________

斜支撑预埋件中心线位置：________________ 普通预埋件中心线位置：________________

普通预埋件水平偏差：________________

引导问题 32：在实训室内测量一个预制剪力墙的安装尺寸偏差，并将测量结果写下来。

构件中心线对轴线位置：________________ 构件标高：________________

构件垂直度：________________ 相邻构件平整度：________________

墙板接缝宽度：________________

引导问题 33：预制构件安装尺寸允许偏差的检验数量是多少？

____

____

____

____

引导问题 34：装配式混凝土结构工程在安装施工及浇筑混凝土前应完成哪些隐蔽项目验收？

引导问题 35：装配式混凝土结构子分部工程质量验收的合格标准是什么？

引导问题 36：装配式混凝土结构子分部工程质量验收不合格时应如何处理？

4.8 学习情境的相关知识点

知识点 1：预制构件质量验收

1. 预制构件质量验收基本规定

1）构件生产厂家质量责任

（1）构件生产厂家要根据施工图设计文件、预制构件深化设计文件和相关技术标准编制构件生产制作方案，方案应包含预制构件生产工艺、模具、生产计划、技术质量控制措施、成品保护措施、检测验收、堆放及运输、常见质量问题防治等内容，综合考虑建设单位、监理单位、施工单位关于质量和进度方面的要求，经企业技术负责人审批后实施。

（2）预制构件生产前，生产单位应当就构件生产制作过程关键工序、关键部位的施工工艺向工人进行技术交底；预制构件生产过程中，应当对隐蔽工程和每一检验批按相关规范进行验收并形成纸质验收记录；预制构件施工安装前，设计单位应就关键工序、关键部位的安装注意事项向施工单位进行技术交底。

（3）预制构件用混凝土所需原材料、场地、设备、工具、试验等均应满足相关规定要求。

（4）建立健全原材料质量检测制度。检测程序、检测方案等应符合《建设工程质量检测管理办法》、《房屋建筑和市政基础设施工程质量检测技术管理规范》（GB 50618—

2011)等规范规定。

(5)建立健全预制构件制作质量检验制度。应由施工单位委托有资质的第三方检测机构对钢筋连接套筒与工程实际采用的钢筋、灌浆料的匹配性进行工艺检验。

(6)建立构件成品质量出厂检验和编码标识制度。应在构件显著位置进行唯一性信息化标识,并提供构件出厂合格证和施工说明书,预制构件出厂前质量检验及信息化标识应满足预制构件出厂检验内容及要求。

(7)预制构件存放及运输过程中,应采取可靠措施避免预制构件受损、破坏。

(8)及时收集整理预制构件生产制作过程的质量控制资料,并作为出厂合格证的附件提供给施工单位,生产制作过程按相关规定全程进行信息化管理。

(9)应参加首层或首个有代表性施工段试拼装及装配式混凝土结构子分部工程质量验收,对施工过程所发现的生产问题提出改进措施,及时对预制构件生产制作方案进行调整改进。

2)构件生产厂家的基本条件和要求

(1)预制构件生产企业应符合相应的资质等级管理要求,并建立完善的预制构件生产质量管理体系,应有预制构件生产必备的试验检测能力。

(2)预制构件加工制作前应审核预制构件加工图,具体内容包括预制构件模具图、配筋图、预埋吊件及有关预埋件布置图等。加工图需要变更或完善时应及时办理变更文件。

(3)预制构件制作前应编制生产方案,具体内容包括生产计划及生产工艺,模具方案及模具计划,技术质量控制措施,成品码放、保护及运输方案等。必要时应进行预制构件脱模、吊运、码放、翻转及运输等相关内容的承载力验算。

(4)预制构件生产企业的各种检测、试验、张拉、计量等设备及仪器仪表均应检定合格,并在有效期内使用。

(5)预制构件所用的原材料质量,钢筋加工和焊接的力学性能,混凝土的强度,构件的结构性能,装饰材料、保温材料及拉结件的质量等均应根据现行有关标准进行检查试验,出具试验报告并存档备案。

(6)预制构件制作前,应依据设计要求和混凝土工作性能要求进行混凝土配合比设计。必要时在预制构件生产前进行样品试制,经设计和监理认可后方可实施。

(7)预制构件的质量检验应按模具、钢筋、混凝土、预制构件等四个检验项目进行,检验时对新制作或改制后的模具、钢筋成品和预制构件应按件检验;对原材料、预埋件、钢筋半成品、重复使用的定型模具等应分批随机抽样检验;对混凝土拌和物工作性能及强度应按批检验。

(8)模具、钢筋、混凝土和预制构件的制作质量,均应在班组自检、互检、交接检的基础上,由专职检验员进行检验。

(9)对检验合格的检验批,做出合格标识。

(10)检验资料应完整,主要内容包括混凝土、钢筋及受力埋件质量证明文件、主要材料进场复验报告、构件生产过程质量检验记录、结构试验记录(报告)及必要的试验或检验记录。

(11)质量检验部门应根据钢筋、混凝土、预制构件的试验、检验资料,评定预制构件的质量。当上述各检验项目的质量均合格时,方可评定为合格产品。预制构件部分非主控项目不合格时，允许采取措施维修处理后重新检验，合格后仍可评定为合格。

(12)对合格的预制构件应做出标识，标识内容包括工程名称、构件型号、生产日期、生产单位、合格标识等。

(13)检验合格的预制构件应及时向使用单位出具“预制混凝土构件出厂合格证”，不合格的预制构件不得出厂。

(14)预制构件在生产、运输、存放过程中应采取适当的防护措施，防止预制构件损坏或污染。

(15)预制构件出厂必须提供标识与产品合格证。

①预制构件合格后，工厂质检人员应对合格的产品(半成品)签发合格证和说明书，标识不全的构件不得出厂。

②预制构件应根据构件设计制作及施工要求设置编码系统，并在预制混凝土构件表面醒目位置标注产品代码。

③预制构件编码系统应包括构件型号、质量情况、安装部位、外观尺寸、生产日期(批次)、出厂日期及“合格”字样。

④对具备条件的厂家，构件可同时进行表面喷涂和埋置 RFID(无线射频)芯片两种形式标识。编码应在构件表面右下角醒目位置标识，RFID 芯片埋置位置应与表面喷涂位置一致。

⑤预制构件出厂交付时，应向使用方提供的验收资料有：隐蔽工程质量验收表，成品构件质量验收表，钢筋进厂复验报告，混凝土留样检验报告，保温材料、拉结件、套筒等主要材料进厂复验检验报告，产品合格证，其他相关质量证明文件等资料。

2. 模具质量验收

1)一般规定

(1)模具应具有足够的承载力、刚度和稳定性，保证构件生产时能可靠地承受浇筑混凝土的重量、侧压力及施工荷载。

(2)模具应装拆方便，并应满足预制构件质量、生产工艺和周转次数等要求，便于钢筋安装和混凝土浇筑、养护。

(3)隔离剂应具有良好的隔离效果，不得影响脱模后混凝土表面的后期装饰。

(4)结构造型复杂、外形有特殊要求的模具应制作样板，经检验合格后方可批量制作。

2)主控项目

(1)模具各部件之间应连接牢固，接缝应紧密，附带的埋件或工装件应定位准确，安装牢固。

(2)用作底模的台座、胎模、地坪及铺设的底板等应平整光洁，不得有下沉、裂缝、起砂和起鼓；模具应保持清洁，涂刷脱模剂、表面缓凝剂时应均匀、无漏刷、无堆积，且不得沾污钢筋，不得影响预制构件外观效果。

(3)应定期检查侧模、预埋件和预留孔洞定位措施的有效性；应采取防止模具变形和锈蚀的措施；重新启用的模具应检验合格后方可使用。

(4)模具与平模台间的螺栓、定位销、磁盒等固定方式应可靠，防止混凝土振捣成型时造成模具偏移和漏浆。

3）一般项目

（1）除设计有特殊要求外，预制构件模具尺寸偏差和检验方法应符合表 4-2 的规定。

表 4-2　预制构件模具尺寸允许偏差和检验方法

项次	检验项目、内容		允许偏差/mm	检验方法
1	长度	≤6 m	1,-2	用尺量平行构件高度方向，取其中偏差绝对值较大处
		>6 m 且≤12 m	2,-4	
		>12 m	3,-5	
2	宽度、高(厚)度	墙板	1,-2	用尺量两端或中部，取其中偏差绝对值较大处
3		其他构件	2,-4	
4	底模表面平整度		2	用 2 m 靠尺和塞尺量
5	对角线差		3	用尺量对角线
6	侧向弯曲		L/1 500 且≤5	拉线，用钢尺量测侧向弯曲最大处
7	翘曲		L/1 500	对角拉线测量交点间距离值的两倍
8	组装缝隙		1	用塞片或塞尺量测，取最大值
9	端模与侧模高低差		1	用钢尺量

注：L 为模具与混凝土接触面中最长边的尺寸，下同。

（2）构件上的预埋件和预留孔洞宜通过模具进行定位，并安装牢固，其安装偏差应符合表 4-3 的规定。

表 4-3　模具上预埋件、预留孔洞安装允许偏差

项次	检验项目		允许偏差/mm	检验方法
1	预埋钢板、建筑幕墙用槽式预埋组件	中心线位置	3	用尺量测纵横两个方向的中心线位置，取其中较大值
		平面高差	±2	钢直尺和塞尺检查
2	预埋管、电线盒、电线管水平和垂直方向的中心线位置偏移、预留孔、浆锚搭接预留孔(或波纹管)		2	用尺量测纵横两个方向的中心线位置，取其中较大值
3	插筋	中心线位置	3	用尺量测纵横两个方向的中心线位置，取其中较大值
		外露长度	+10,0	用尺量测
4	吊环	中心线位置	3	用尺量测纵横两个方向的中心线位置，取其中较大值
		外露长度	0,-5	用尺量测

续表 4-3

项次	检验项目		允许偏差/mm	检验方法
5	预埋螺栓	中心线位置	2	用尺量测纵横两个方向的中心线位置,取其中较大值
		外露长度	+5,0	用尺量测
6	预埋螺母	中心线位置	2	用尺量测纵横两个方向的中心线位置,取其中较大值
		平面高差	±1	钢直尺和塞尺检查
7	预留洞	中心线位置	3	用尺量测纵横两个方向的中心线位置,取其中较大值
		尺寸	+3,0	用尺量测纵横两个方向尺寸,取其中较大值
8	灌浆套筒及连接钢筋	灌浆套筒中心线位置	1	用尺量测纵横两个方向的中心线位置,取其中较大值
		连接钢筋中心线位置	1	用尺量测纵横两个方向的中心线位置,取其中较大值
		连接钢筋外露长度	+5,0	用尺量测

(3)预制构件中预埋门窗框时,应在模具上设置限位装置进行固定,并应逐件检验。门窗框安装偏差和检验方法应符合表 4-4 的规定。

表 4-4　门窗框安装允许偏差和检验方法

项次	检验项目		允许偏差/mm	检验方法
1	锚固脚片	中心线位置	5	钢尺检查
		外露长度	+5,0	钢尺检查
2	门窗框位置		2	钢尺检查
3	门窗框高、宽		±2	钢尺检查
4	门窗框对角线		±2	钢尺检查
5	门窗框的平整度		2	靠尺检查

3. 钢筋及预埋件质量验收

1) 一般规定

(1) 钢筋和预埋件施工完后需要进行隐蔽工程检查，项目应包括：

①钢筋的牌号、规格、数量、位置和间距。

②纵向受力钢筋的连接方式、接头位置、接头质量、接头面积百分率、搭接长度、锚固方式及锚固长度。

③箍筋弯钩的弯折角度及平直段长度。

④钢筋的混凝土保护层厚度。

⑤预埋件、吊环、插筋、灌浆套筒、预留孔洞、金属波纹管的规格、数量、位置及固定措施。

⑥预埋线盒和管线的规格、数量、位置及固定措施。

⑦夹芯外墙板的保温层位置和厚度，拉结件的规格、数量和位置。

⑧预应力筋及其锚具、连接器和锚垫板的品种、规格、数量、位置。

⑨预留孔道的规格、数量、位置，灌浆孔、排气孔、锚固区局部加强构造。

(2) 钢筋焊接接头、机械连接接头和套筒灌浆连接接头均应进行工艺检验，检验结果合格后方可进行钢筋连接施工。

(3) 采用钢筋机械连接接头及套筒灌浆连接接头的预制构件，应按国家现行相关标准的规定制作接头试件，试验合格后方可用于构件生产。套筒灌浆连接需要进行套筒和灌浆料的型式试验，合格后方可进行套筒灌浆施工。

2) 主控项目

(1) 钢筋接头的方式、位置、同一截面受力钢筋的接头百分率、钢筋的搭接长度及锚固长度等应符合设计要求或国家现行有关标准的规定。

(2) 焊接接头、钢筋机械连接接头、钢筋套筒灌浆连接接头力学性能应符合现行行业标准《钢筋焊接及验收规程》(JGJ 18—2012)、《钢筋机械连接技术规程》(JGJ 107—2016)和《钢筋套筒灌浆连接应用技术规程》(JGJ 355—2015)的有关规定。

(3) 钢筋、预应力筋、预埋件等应按国家现行标准的规定进行进场检验，其力学性能和重量偏差应符合设计要求和标准要求。

(4) 预应力筋用锚具、夹具和连接器应按国家现行有关标准的规定进行进场检验，其性能应符合设计要求和标准规定。

(5) 预埋件用钢材及焊条的性能应符合设计要求。

3) 一般项目

(1) 钢筋、预应力筋表面应无损伤、裂纹、油污，不应有严重锈蚀。

(2) 钢筋成品和钢筋桁架的尺寸偏差应符合表 4-5、表 4-6 的规定。

表 4-5　钢筋成品的允许偏差和检验方法

项目			允许偏差/mm	检验方法
钢筋网片	长、宽		±5	钢尺检查
	网眼尺寸		±10	钢尺量连续三档,取最大值
	对角线		5	钢尺检查
	端头不齐		5	钢尺检查
钢筋骨架	长		0,-5	钢尺检查
	宽		±5	钢尺检查
	高(厚)		±5	钢尺检查
	主筋间距		±10	钢尺量两端、中间各一点,取最大值
	主筋排距		±5	钢尺量两端、中间各一点,取最大值
	箍筋间距		±10	钢尺量连续三档,取最大值
	弯起点位置		15	钢尺检查
	端头不齐		5	钢尺检查
	保护层	柱、梁	±5	钢尺检查
		板、墙	±3	钢尺检查

表 4-6　钢筋桁架尺寸允许偏差

项次	检验项目	允许偏差/mm
1	长度	总长度的±0.3%,且不超过±10
2	高度	+1,-3
3	宽度	±5
4	扭翘	≤5

(3)预埋件加工偏差应符合表 4-7 的规定。

表 4-7　预埋件加工允许偏差

项次	检验项目		允许偏差/mm	检验方法
1	预埋件锚板的边长		0,-5	用钢尺量测
2	预埋件锚板的平整度		1	用直尺和塞尺量测
3	箍筋	长度	10,-5	用钢尺量测
		间距偏差	±10	用钢尺量测

4. 混凝土质量验收

1) 一般规定

(1) 混凝土工作性能指标应根据预制构件产品特点和生产工艺确定，混凝土配合比设计应符合国家现行标准《普通混凝土配合比设计规程》(JGJ 55—2011) 和《混凝土结构工程施工规范》(GB 50666—2011) 的有关规定。

(2) 混凝土应采用有自动计量装置的强制式搅拌机搅拌，并具有生产数据逐盘记录和实时查询功能。混凝土应按照混凝土配合比通知单进行生产，原材料每盘称量的允许偏差应符合表 4-8 的规定。

表 4-8 混凝土原材料每盘称量的允许偏差

项次	材料名称	允许偏差/%
1	胶凝材料	±2
2	粗、细骨料	±3
3	水、外加剂	±1

(3) 混凝土应进行抗压强度检验，并应符合下列规定：

①混凝土检验试件应在浇筑地点取样制作。

②每拌制 100 盘且不超过 100 m^3 的同一配合比混凝土为一批，每工作班拌制的同一配合比的混凝土不足 100 盘为一批。

③每批制作强度检验试块不少于 3 组，随机抽取 1 组进行同条件标准养护后进行强度检验，其余可作为同条件试件在预制构件脱模和出厂时控制其混凝土强度；还可根据预制构件吊装、张拉和放张等要求，留置足够数量的同条件混凝土试块进行强度检验。

④蒸汽养护的预制构件，其强度评定混凝土试块应随同构件蒸养后，再转入标准条件养护 28 d。构件脱模起吊、预应力张拉或放张的混凝土同条件试块，其养护条件应与构件生产中采用的养护条件相同。

⑤除设计有要求外，预制构件出厂时的混凝土强度不宜低于设计混凝土强度等级值的 75%。

2) 主控项目

(1) 混凝土原材料的质量必须符合国家现行有关标准的规定。

(2) 拌制混凝土所用原材料的品种和规格，必须符合混凝土配合比的规定。

(3) 预制构件的混凝土强度应按现行国家标准《混凝土强度检验评定标准》(GB/T 50107—2010) 的规定进行分批评定，混凝土强度评定结果应合格。

(4) 预制构件的混凝土耐久性指标应符合设计规定。

3) 一般项目

(1) 拌制混凝土所用原材料的数量应符合混凝土配合比的规定。

(2) 拌和混凝土前，应测定砂、石含水率，并根据测定结果调整材料用量，提出混凝土施工配合比。当遇到雨天或含水率变化大时，应增加含水率测定次数，并及时调整水和骨料的重量。

(3)混凝土拌和物应搅拌均匀、颜色一致,其工作性能应符合混凝土配合比的规定。

(4)预制构件成型后应按生产方案规定的混凝土养护制度进行养护,当采用蒸汽养护时,升温速度、恒温温度及降温速度不超过技术标准规定。

码 4-1　文档:预制构件(主控项目)质量检验

5. 预制构件质量验收

1)一般规定

(1)批量生产的梁板类简支受弯构件应进行结构性能检验,在采取加强材料和制作质量检验措施确保构件质量的前提下,对非标构件或生产数量较少的简支受弯构件可不进行结构性能检验。

(2)构件生产时应制订措施避免构件出现外观质量缺陷。预制构件的外观质量缺陷根据其影响预制构件的结构性能和使用功能的严重程度,按表 4-9 划分严重缺陷和一般缺陷。

表 4-9　构件外观质量缺陷分类

名称	现象	严重缺陷	一般缺陷
露筋	构件内钢筋未被混凝土包裹而外露	纵向受力钢筋有露筋	其他钢筋有少量露筋
蜂窝	混凝土表面缺少水泥砂浆而形成石子外露	构件主要受力部位有蜂窝	其他部位有少量蜂窝
孔洞	混凝土中孔穴深度和长度均超过保护层厚度	构件主要受力部位有孔洞	其他部位有少量孔洞
夹渣	混凝土中夹有杂物且深度超过保护层厚度	构件主要受力部位有夹渣	其他部位有少量夹渣
疏松	混凝土中局部不密实	构件主要受力部位有疏松	其他部位有少量疏松
裂缝	缝隙从混凝土表面延伸至混凝土内部	构件主要受力部位有影响结构性能或使用功能的裂缝	其他部位有不影响结构性能或使用功能的裂缝
连接部位缺陷	构件连接处混凝土缺陷及连接钢筋、插筋严重锈蚀、弯曲,灌浆套管堵塞、偏位,灌浆孔洞堵塞、偏位、破损等缺陷	连接部位有影响结构传力性能的缺陷	连接部位有基本不影响结构传力性能的缺陷

续表 4-9

名称	现象	严重缺陷	一般缺陷
外形缺陷	缺棱掉角、棱角不直、翘曲不平、飞出凸肋等，装饰面砖黏结不牢、表面不平、砖缝不顺直等	清水或具有装饰的混凝土构件内有影响使用功能或装修效果的外形缺陷	其他混凝土构件有不影响使用功能的外形缺陷
外表缺陷	构件表面麻面、掉皮、起砂、沾污等	具有重要装饰效果的清水混凝土构件有外表缺陷	其他混凝土构件有不影响使用功能的外表缺陷

(3)拆模后的预制构件应及时检查，并记录其外观质量和尺寸偏差，对于出现的严重质量缺陷，应按技术方案的要求进行处理，并对该构件重新进行检查验收。

2)主控项目

(1)预制构件的脱模强度应满足设计要求，设计无要求时，应根据构件脱模受力情况确定，且不得低于混凝土设计强度的 75%。

(2)采用先张法生产的构件，在混凝土成型时预应力筋出现断裂或滑脱时应及时予以更换。采用后张法生产的预制构件，预应力筋出现断裂或滑脱的根数不得超过 2%，且同一束预应力筋中钢丝不得超过一根。

(3)先张法预应力筋预应力有效值与检验规定值偏差的百分率不应超过±5%，用千斤顶或应力测定仪必须在张拉后 1 h 量测检查。

(4)后张法预应力构件的预应力筋孔道灌浆应密实、饱满。

(5)预制构件的预埋件、插筋、预留孔的规格、数量应符合设计要求。

(6)预制构件的叠合面或键槽成型质量应满足设计要求。

(7)陶瓷类装饰面砖与构件基面的黏结强度应满足现行行业标准的规定。

(8)夹芯保温外墙板的保温材料类别、厚度、位置应符合设计要求。

(9)夹芯保温外墙板的内外层混凝土板之间的拉结件类别、数量及使用位置应符合设计要求。

(10)预制构件外观质量不应有严重质量缺陷。

(11)批量生产的梁板类标准构件，其结构性能应满足设计或标准规定。同一工艺正常生产的不超过 1 000 件且不超过 3 个月的同类产品为 1 批；当连续检验 10 批且每批的结构性能检验结果均符合要求时，对同一工艺正常生产的构件，可改为不超过 2 000 件且不超过 3 个月的同类型产品为 1 批。在每批中随机抽取 1 件有代表性构件进行检验，检验方法按《混凝土结构工程施工质量验收规范》(GB 50204—2015)规定进行。

码 4-2　文档：预制构件(一般项目)质量检验

3)一般项目

预制构件尺寸偏差及预留孔、预留洞、预埋件、预留插筋、键槽的位置和检验方法应符合表 4-10~表 4-12 的规定，同一工作班生产的同类型构件，抽查 5%且不少于 3 件。预制构件有粗糙面时，与预制构件粗糙面相关的尺寸允许偏差可放宽 1.5 倍。

表 4-10　预制楼板类构件外形尺寸允许偏差及检验方法

项次	检查项目			允许偏差/mm	检验方法
1	规格尺寸	长度	<12 m	±5	用尺量两端及中间部，取其中偏差绝对值较大值
			≥12 m 且<18 m	±10	
			≥18 m	±20	
2		宽度		±5	用尺量两端及中间部，取其中偏差绝对值较大值
3		厚度		±5	用尺量板四角和四边中部位置共 8 处，取其中偏差绝对值较大值
4	对角线差			6	在构件表面，用尺量两对角线的长度，取其绝对值的差值
5	外形	表面平整度	内表面	4	用 2 m 靠尺安放在构件表面上，用楔形塞尺量测靠尺与表面之间的最大缝隙
			外表面	3	
6		楼板侧向弯曲		L/750 且≤20	拉线，钢尺量最大弯曲处
7		扭翘		L/750	四对角线拉两条线，量测两线交点之间的距离，其值的 2 倍为扭翘值
8	预埋部件	预埋钢板	中心线位置偏移	5	用尺量测纵横两个方向的中心线位置，取其中较大值
			平面高差	0，-5	用尺紧靠在预埋件上，用楔形塞尺量测预埋件平面与混凝土面的最大缝隙
9		预埋螺栓	中心线位置偏移	2	用尺量测纵横两个方向的中心线位置，取其中较大值
			外露长度	+10，-5	用尺量
10		预埋线盒、电盒	构件平面的水平方向中心位置偏差	10	用尺量
			与构件表面混凝土高差	0，-5	用尺量

续表 4-10

项次	检查项目		允许偏差/mm	检验方法
11	预留孔	中心线位置偏移	5	用尺量测纵横两个方向的中心线位置，取其中较大值
		孔尺寸	±5	用尺量测纵横两个方向尺寸，取其最大值
12	预留洞	中心线位置偏移	5	用尺量测纵横两个方向的中心线位置，取其中较大值
		洞口尺寸、深度	±5	用尺量测纵横两个方向尺寸，取其最大值
13	预留插筋	中心线位置偏移	3	用尺量测纵横两个方向的中心线位置，取其中较大值
		外露长度	±5	用尺量
14	吊环、木砖	中心线位置偏移	10	用尺量测纵横两个方向的中心线位置，取其中较大值
		留出高度	0，−10	用尺量
15	桁架钢筋高度		+5，0	用尺量

表 4-11　预制墙板类构件外形尺寸允许偏差及检验方法

项次	检查项目		允许偏差/mm	检验方法
1	规格尺寸	高度	±4	用尺量两端及中间部，取其中偏差绝对值较大值
2		宽度	±4	用尺量两端及中间部，取其中偏差绝对值较大值
3		厚度	±3	用尺量板四角和四边中部位置共 8 处，取其中偏差绝对值较大值
4	对角线差		5	在构件表面，用尺量两对角线的长度，取其绝对值的差值

续表 4-11

<table>
<tr><th>项次</th><th colspan="3">检查项目</th><th>允许偏差/mm</th><th>检验方法</th></tr>
<tr><td rowspan="2">5</td><td rowspan="4">外形</td><td rowspan="2">表面平整度</td><td>内表面</td><td>4</td><td rowspan="2">用 2 m 靠尺安放在构件表面上，用楔形塞尺量测靠尺与表面之间的最大缝隙</td></tr>
<tr><td>外表面</td><td>3</td></tr>
<tr><td>6</td><td colspan="2">侧向弯曲</td><td>L/1 000 且≤20</td><td>拉线，钢尺量最大弯曲处</td></tr>
<tr><td>7</td><td colspan="2">扭翘</td><td>L/1 000</td><td>四对角线拉两条线，量测两线交点之间的距离，其值的 2 倍为扭翘值</td></tr>
<tr><td rowspan="2">8</td><td rowspan="6">预埋部件</td><td rowspan="2">预埋钢板</td><td>中心线位置偏移</td><td>5</td><td>用尺量测纵横两个方向的中心线位置，取其中较大值</td></tr>
<tr><td>平面高差</td><td>0，-5</td><td>用尺紧靠在预埋件上，用楔形塞尺量测预埋件平面与混凝土面的最大缝隙</td></tr>
<tr><td rowspan="2">9</td><td rowspan="2">预埋螺栓</td><td>中心线位置偏移</td><td>2</td><td>用尺量测纵横两个方向的中心线位置，取其中较大值</td></tr>
<tr><td>外露长度</td><td>+10，-5</td><td>用尺量</td></tr>
<tr><td rowspan="2">10</td><td rowspan="2">预埋套筒、螺母</td><td>中心线位置偏移</td><td>2</td><td>用尺量测纵横两个方向的中心线位置，取其中较大值</td></tr>
<tr><td>平面高差</td><td>0，-5</td><td>用尺紧靠在预埋件上，用楔形塞尺量测预埋件平面与混凝土面的最大缝隙</td></tr>
<tr><td rowspan="2">11</td><td rowspan="2">预留孔</td><td colspan="2">中心线位置偏移</td><td>5</td><td>用尺量测纵横两个方向的中心线位置，取其中较大值</td></tr>
<tr><td colspan="2">孔尺寸</td><td>±5</td><td>用尺量测纵横两个方向尺寸，取其最大值</td></tr>
<tr><td rowspan="2">12</td><td rowspan="2">预留洞</td><td colspan="2">中心线位置偏移</td><td>5</td><td>用尺量测纵横两个方向的中心线位置，取其中较大值</td></tr>
<tr><td colspan="2">洞口尺寸、深度</td><td>±5</td><td>用尺量测纵横两个方向尺寸，取其最大值</td></tr>
</table>

续表 4-11

项次	检查项目		允许偏差/mm	检验方法
13	预留插筋	中心线位置偏移	3	用尺量测纵横两个方向的中心线位置，取其中较大值
13	预留插筋	外露长度	±5	用尺量
14	吊环、木砖	中心线位置偏移	10	用尺量测纵横两个方向的中心线位置，取其中较大值
14	吊环、木砖	与构件表面混凝土高差	0,-10	用尺量
15	键槽	中心线位置偏移	5	用尺量测纵横两个方向的中心线位置，取其中较大值
15	键槽	长度、宽度	±5	用尺量
15	键槽	深度	±5	用尺量
16	灌浆套筒及连接钢筋	灌浆套筒中心线位置	2	用尺量测纵横两个方向的中心线位置，取其中较大值
16	灌浆套筒及连接钢筋	连接钢筋中心线位置	2	用尺量测纵横两个方向的中心线位置，取其中较大值
16	灌浆套筒及连接钢筋	连接钢筋外露长度	+10,0	用尺量

表 4-12　预制梁柱桁架类构件外形尺寸允许偏差及检验方法

项次	检查项目			允许偏差/mm	检验方法
1	规格尺寸	长度	<12 m	±5	用尺量两端及中间部，取其中偏差绝对值较大值
1	规格尺寸	长度	≥12 m 且<18 m	±10	用尺量两端及中间部，取其中偏差绝对值较大值
1	规格尺寸	长度	≥18 m	±20	用尺量两端及中间部，取其中偏差绝对值较大值
2	规格尺寸	宽度		±5	用尺量两端及中间部，取其中偏差绝对值较大值
3	规格尺寸	厚度		±5	用尺量板四角和四边中部位置共 8 处，取其中偏差绝对值较大值

续表 4-12

项次	检查项目			允许偏差/mm	检验方法
4	表面平整度			4	用 2 m 靠尺安放在构件表面上,用楔形塞尺量测靠尺与表面之间的最大缝隙
5	侧向弯曲	梁柱		$L/750$ 且≤20	拉线,钢尺量最大弯曲处
		桁架		$L/1\,000$ 且≤20	
6	预埋部件	预埋钢板	中心线位置偏移	5	用尺量测纵横两个方向的中心线位置,取其中较大值
			平面高差	0,-5	用尺紧靠在预埋件上,用楔形塞尺量测预埋件平面与混凝土面的最大缝隙
7		预埋螺栓	中心线位置偏移	2	用尺量测纵横两个方向的中心线位置,取其中较大值
			外露长度	+10,-5	用尺量
8	预留孔	中心线位置偏移		5	用尺量测纵横两个方向的中心线位置,取其中较大值
		孔尺寸		±5	用尺量测纵横两个方向尺寸,取其最大值
9	预留洞	中心线位置偏移		5	用尺量测纵横两个方向的中心线位置,取其中较大值
		洞口尺寸、深度		±5	用尺量测纵横两个方向尺寸,取其最大值
10	预留插筋	中心线位置偏移		3	用尺量测纵横两个方向的中心线位置,取其中较大值
		外露长度		±5	用尺量
11	吊环	中心线位置偏移		10	用尺量测纵横两个方向的中心线位置,取其中较大值
		留出高度		0,-10	用尺量

续表 4-12

项次	检查项目		允许偏差/mm	检验方法
12	键槽	中心线位置偏移	5	用尺量测纵横两个方向的中心线位置，取其中较大值
		长度、宽度	±5	用尺量
		深度	±5	用尺量
13	灌浆套筒及连接钢筋	灌浆套筒中心线位置	2	用尺量测纵横两个方向的中心线位置，取其中较大值
		连接钢筋中心线位置	2	用尺量测纵横两个方向的中心线位置，取其中较大值
		连接钢筋外露长度	+10,0	用尺量

4）预制构件验收合格标准

（1）主控项目全部合格。

（2）一般项目应经检验合格且不应有影响结构安全、安装施工和使用要求的缺陷。

（3）一般项目中允许偏差项目的合格率大于或等于 80%，允许偏差不得超过最大限值的 1.5 倍，且没有出现影响结构安全、安装施工和使用要求的缺陷。

码 4-3　文档：不合格品的处理

知识点 2：装配式混凝土结构工程施工质量验收

装配式混凝土结构工程施工质量验收按照《混凝土结构工程施工质量验收规范》（GB 50204—2015）的规定进行，装配式结构工程应按混凝土结构子分部工程进行验收，当结构中部分采用现浇混凝土结构时，装配式结构部分可作为混凝土结构子分部的分项工程进行验收，现场施工的模板支设、钢筋绑扎、混凝土浇筑等内容应分别纳入模板、钢筋、混凝土、预应力混凝土等分项工程进行验收。混凝土结构子分部工程的划分如图 4-1 所示。

1. 预制混凝土构件进场验收

1）验收程序

预制构件进入施工现场后，施工单位应组织构件生产单位、监理单位对预制构件的质量进行验收，验收的内容包括质量证明文件验收、构件外观质量验收和结构性能验收。未经验收或验收不合格的预制构件，严禁使用。施工单位应对构件进行全数验收，监理单位对构件质量进行抽检，发现存在影响结构质量或安装安全的缺陷时，验收不通过。

2）验收内容

（1）质量证明文件。

预制构件进入施工现场时，构件生产单位应向施工单位提供构件的产品合格证、说明

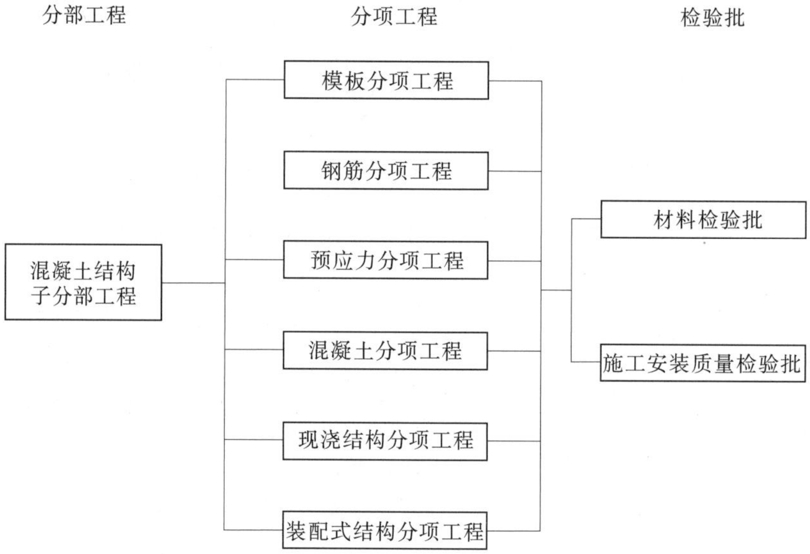

图 4-1 混凝土结构子分部工程的划分

书、试验报告、隐蔽验收记录等质量证明文件。施工单位对证明文件的有效性进行检查，并根据质量证明文件核对构件。

(2)观感质量。

在质量证明文件齐全、有效的情况下，对构件的外观质量、外形尺寸等进行验收。观感质量通过观察和简单测试确定，构件的观感质量由验收人员通过现场检查，并由验收人员共同确认，对影响观感及使用功能、质量评价不合格的地方进行修补。

观感质量验收内容及要求如下：

①观察构件的粗糙面质量、抗剪键槽尺寸和数量是否符合设计要求。粗糙面的粗糙度、粗糙面的面积比满足规范和设计要求，抗剪键槽的位置、尺寸、数量满足规范和设计要求。

②预制构件吊装预留吊环、预留焊接预埋件安装牢固、无松动。

③预制构件的外观不应有严重缺陷，对已经出现的严重缺陷，应按技术处理方案进行处理并重新检查验收。

④预制构件的预埋件、插筋及预留孔洞的规格、位置、数量应符合设计要求，对预留灌浆孔的贯通性进行检查。对影响安装及施工功能的缺陷，应按技术处理方案进行处理并重新检查验收。

⑤预制构件的尺寸应符合规范和设计要求，不应有影响结构性能和安装、使用功能的尺寸偏差。对超过尺寸允许偏差且影响结构性能和安装使用功能的部位，应按技术处理方案进行处理，并重新检查验收。

⑥预制构件的标识、编码要与实际构件一致，在构件的明显位置标明构件生产日期、构件型号、生产单位和验收合格标志。标识、编码可用油漆喷涂或自粘纸粘贴在构件表面。

(3)结构性能检验。

在必要情况下，应按要求对构件进行结构性能检验，要求如下：

①梁板类简支受弯构件进场时应进行结构性能检验,并符合下列规定:

a. 结构性能检验应符合现行国家相关标准的规定及设计要求,检验要求和试验方法符合《混凝土结构工程施工质量验收规范》(GB 50201—2015)的规定。

b. 钢筋混凝土构件和允许出现裂缝的预应力混凝土构件应进行承载力、挠度和裂缝宽度检验,不允许出现裂缝的预应力混凝土构件应进行承载力、挠度和抗裂检验。

c. 对于大型构件及有可靠应用经验的构件,可只进行裂缝宽度、抗裂和挠度检验。

d. 对使用数量较少的构件,当能提供可靠依据时,可不进行结构性能检验。

e. 对多个工程共同使用的同类型预制构件,可以在多个工程的施工单位、监理单位见证下共同委托检测机构进行结构性能检验,其结果对多个工程共同有效。

②对于不可单独使用的叠合板预制底板,可不进行结构性能检验。对叠合梁构件,是否进行结构性能检验、结构性能检验的方式应根据设计要求确定。

③对于其他预制构件,除设计有专门要求外,进场时可不做结构性能检验。

④对进场时不做结构性能检验的预制构件,应采取下列措施:

a. 施工单位或监理单位代表应驻厂监督制作过程。

b. 当无驻厂监督时,预制构件进场时应对预制构件主要受力钢筋数量、规格、间距及混凝土强度等进行实体检验。

同一类型(同一钢种、同一混凝土强度等级、同一生产工艺和同一结构形式)预制构件不超过 1 000 个为一批,每批随机抽取 1 个构件进行结构性能检验。抽取预制构件应在构件进场时进行,但为了检验方便,也可在各方参与下在预制构件生产场地进行,宜从设计荷载最大、受力最不利或生产数量最多的预制构件中抽取。

2. 预制混凝土构件安装施工过程质量检验

1) 一般规定

为了保证工程质量,装配式混凝土结构安装施工质量控制主要从施工前的准备、原材料质量检验与施工试验、施工过程的工序检验、隐蔽工程验收、结构实体验收等多个方面进行。对装配式混凝土结构工程,质量验收要求如下:

(1) 工程质量验收均应在施工单位自检合格的基础上进行。

(2) 参加工程施工质量验收的各方人员均具备相应的资格。

(3) 检验批的质量应按主控项目和一般项目验收。

(4) 对涉及结构安全、节能、环境保护和主要施工功能的试块、构配件及材料,应在进场时或施工中按规定进行见证检验。

(5) 隐蔽工程在隐蔽前由施工单位通知监理单位验收,并形成验收文件,验收合格后方可继续施工。

(6) 工程的观感质量应由验收人员现场检查,共同确认。

2) 原材料质量检验与施工试验

除常规原材料检验和施工检验外,装配式混凝土结构应重点对灌浆料、钢筋套筒灌浆连接接头等进行检查验收。

(1) 灌浆料。

①质量标准:灌浆料性能应符合《钢筋连接用套筒灌浆料》(JG/T 408—2019)的有关

规定,抗压强度应符合表4-13的要求,且不应低于接头设计要求的灌浆料抗压强度。灌浆料竖向膨胀率应符合表4-14的要求,灌浆料拌和物的工作性能应符合表4-15的要求。灌浆料最好采用与构件内预埋套筒相匹配的灌浆料,否则需要完成所有验证检验,并对结果负责。

表4-13 灌浆料抗压强度要求

时间(龄期)	抗压强度/MPa
1 d	≥35
3 d	≥60
28 d	≥85

表4-14 灌浆料竖向膨胀率要求

项目	竖向膨胀率/%
3 h	≥0. 02
24 h与3 h差值	0. 02~0. 50

表4-15 灌浆料拌和物的工作性能要求

项目		工作性能要求
流动度/mm	初始	≥300
	30 min	≥260
泌水率/%		0

②检验要求。

a. 检验方法:产品合格证、型式检验报告、进场复试报告。

b. 检验数量:在15 d内生产的同配方、同批号原材料的产品应以50 t为一生产批号,不足50 t的,作为一个批号。一个批号原材料从多个部位取等量样品,样品总量不应少于30 kg,做抗压强度、流动度、竖向膨胀率试验,试验报告见表4-16。

(2)灌浆料试块。

施工现场灌浆施工中,应同时在灌浆地点制作灌浆料试块,每工作班取样不得少于1次,每楼层取样不得少于3次。每次抽取1组试件做标准养护,每组试件3个试块,试块规格为40 mm×40 mm×160 mm,标准养护28 d后,做抗压强度试验,抗压强度应不小于85 MPa,并应符合设计要求。灌浆料试块试验报告见表4-17。

表 4-16 灌浆料试验报告

委托单位			报告编号	
样品名称		灌浆料	检测编号	
工程名称			工程部位	
生产厂家			规格等级	
检测类型		委托检测	样品数量	1组
检测设备		砂浆搅拌机、钢直尺、压力试验机、电子天平、比长仪	检测性质	
检测地点			样品状态	粉状
实验室地址			送样日期	年 月 日
检测依据		《钢筋连接用套筒灌浆料》(JG/T 408—2019)	检测日期	年 月 日
检测项目		性能指标	检测结果	单向评定(合格/不合格)
流动度/mm	初始	≥300		
	30 min	≥260		
抗压强度/MPa	1 d	≥35		
	3 d	≥60		
	28 d	≥85		
竖向膨胀率/%	3 h	≥0.02		
	24 h 与 3 h 差值	0.02~0.50		
以下空白				
综合结论		该样品依据《钢筋连接用套筒灌浆料》(JG/T 408—2019)检测,所检项目合格		
检测说明		用水量:每千克灌浆料加 170 mL 水。 见证单位: 见证人: 委托人: 检测结果仅对委托来样负技术责任		

批准: 审核: 主检: 检测单位:(盖章) 签发日期: 年 月 日

表 4-17 灌浆料试块试验报告

<table>
<tr><td colspan="2">委托单位</td><td></td><td>报告编号</td><td></td></tr>
<tr><td colspan="2">样品名称</td><td>灌浆料试块</td><td>检测编号</td><td></td></tr>
<tr><td colspan="2">工程名称</td><td></td><td>工程部位</td><td></td></tr>
<tr><td colspan="2">生产厂家</td><td></td><td>规格等级</td><td>40 mm×40 mm×160 mm</td></tr>
<tr><td colspan="2">检测类型</td><td>委托检测</td><td>样品数量</td><td>1 组</td></tr>
<tr><td colspan="2">检测设备</td><td>压力试验机</td><td>检测性质</td><td></td></tr>
<tr><td colspan="2">检测地点</td><td></td><td>样品状态</td><td>块状</td></tr>
<tr><td colspan="2">实验室地址</td><td></td><td>送样日期</td><td>年 月 日</td></tr>
<tr><td colspan="2">检测依据</td><td>《钢筋连接用套筒灌浆料》(JG/T 408—2019)</td><td>检测日期</td><td>年 月 日</td></tr>
<tr><td colspan="2">检测项目</td><td>性能指标</td><td>检测结果</td><td>单向评定(合格/不合格)</td></tr>
<tr><td rowspan="3">抗压强度/MPa</td><td>1 d</td><td>≥35</td><td></td><td></td></tr>
<tr><td>3 d</td><td>≥60</td><td></td><td></td></tr>
<tr><td>28 d</td><td>≥85</td><td></td><td></td></tr>
<tr><td colspan="2">以下空白</td><td></td><td></td><td></td></tr>
<tr><td colspan="2"></td><td></td><td></td><td></td></tr>
<tr><td colspan="2">综合结论</td><td colspan="3">该样品依据《钢筋连接用套筒灌浆料》(JG/T 408—2019)检测,所检项目合格</td></tr>
<tr><td colspan="2">检测说明</td><td colspan="3">试块制作日期: 年 月 日
见证单位: 见证人: 委托人:
检测结果仅对委托来样负技术责任</td></tr>
</table>

批准: 审核: 主检: 检测单位:(盖章) 签发日期: 年 月 日

(3)钢筋套筒灌浆连接接头。

①工艺检验。灌浆料检验合格后,在灌浆施工前,对不同钢筋生产企业进场的钢筋进行接头工艺检验。施工过程中,当更换钢筋生产企业或同生产企业生产的钢筋外形尺寸与已完成工艺检验的钢筋有较大差异或灌浆的施工单位变更时,应再次进行工艺检验。每种规格钢筋应制作 3 个对中套筒灌浆连接接头,并应检查灌浆质量。采用灌浆料拌和物制作的 40 mm×40 mm×160 mm 试件不少于 1 组。

②施工检验。施工过程中,应按照同一原材料、同一炉(批)号、同一类型、同一规格的 1 000 个灌浆套筒为一个检验批,每批随机抽取 3 个灌浆套筒制作接头。接头试件应在标准养护条件下养护 28 d 后进行抗拉强度检验,每个接头试件的抗拉强度不应小于连接钢筋抗拉强度标准值,且破坏时应断于接头外钢筋处,屈服强度不应小于连接钢筋屈服强度标准值;3 个接头试件残余变形的平均值不应大于 0. 10 mm(钢筋直径不大于 32 mm)或 0. 14 mm(钢筋直径大于 32 mm),灌浆料抗压强度应不小于 85 MPa。钢筋套筒灌浆连接接头试验报告见表 4-18。

表 4-18　钢筋套筒灌浆连接接头试验报告

<table>
<tr><td colspan="3">委托单位</td><td colspan="4"></td><td colspan="3">报告编号</td><td colspan="4"></td></tr>
<tr><td colspan="3">样品名称</td><td colspan="4">钢筋套筒连接</td><td colspan="3">委托日期</td><td colspan="4">年　月　日</td></tr>
<tr><td colspan="3">样品状态</td><td colspan="4"></td><td colspan="3">检测日期</td><td colspan="4">年　月　日</td></tr>
<tr><td colspan="3">工程名称</td><td colspan="4"></td><td colspan="3">检测性质</td><td colspan="4"></td></tr>
<tr><td colspan="3">检测设备</td><td colspan="4"></td><td colspan="3">检测类别</td><td colspan="4">委托检测</td></tr>
<tr><td colspan="3">实验室地址</td><td colspan="4"></td><td colspan="3">检测地点</td><td colspan="4"></td></tr>
<tr><td colspan="3">检测依据</td><td colspan="4"></td><td colspan="3"></td><td colspan="4"></td></tr>
<tr><td>试件编号</td><td>接头个数</td><td>接头等级</td><td>钢筋牌号</td><td>直径/mm</td><td>面积/mm²</td><td>生产厂家</td><td>工程部位</td><td>连接形式</td><td>连接目的</td><td>残余应变/mm</td><td>极限强度/MPa</td><td>伸长率/%</td><td>断裂特征</td></tr>
<tr><td></td><td></td><td></td><td></td><td></td><td></td><td></td><td></td><td></td><td></td><td></td><td></td><td></td><td></td></tr>
<tr><td colspan="3">结论</td><td colspan="11"></td></tr>
<tr><td colspan="3">检测说明</td><td colspan="11">见证单位:　　　见证人:　　　委托人:
检测结果仅对委托来样负技术责任</td></tr>
</table>

批准:　　审核:　　主检:　　检测单位:(盖章)　签发日期:　　年　月　日

(4)坐浆料试块。

预制墙板与下层现浇构件接缝采用坐浆料处理时，应按照设计单位提供的配合比制作坐浆料试块，每工作班取样不得少于1次，每次制作不少于1组试件，每组3个试块，试块规格为40 mm×40 mm×160 mm，标准养护28 d后，做抗压强度试验。28 d标准养护试块抗压强度应满足设计要求，并高于预制剪力墙混凝土抗压强度10 MPa以上，且不应低于40 MPa。当接缝灌浆与套筒灌浆同时施工时，可不再单独留置抗压试块。

3)施工过程中的工序检验

装配式混凝土结构施工过程主要涉及模板与支撑、钢筋、混凝土和预制构件安装四个分项工程。模板与支撑、钢筋、混凝土分项工程的检验要求除满足一般现浇混凝土结构的检验要求外，还应满足装配式混凝土结构的质量检验要求。

(1)模板与支撑。

①主控项目。

预制构件安装临时固定支撑应稳固、可靠，符合设计、专项施工方案要求及相关技术标准要求。对模板和支撑全数观察检查，检查施工记录或设计文件。

②一般项目。

装配式混凝土结构中后浇混凝土结构模板安装允许偏差及检验方法应符合表4-19的要求。

表4-19　后浇混凝土结构模板安装允许偏差及检验方法

项目		允许偏差/mm	检验方法
轴线位置		5	尺量检查
底模上表面标高		±5	水准仪或拉线、尺量检查
截面内部尺寸	柱、梁	+4，-5	尺量检查
	墙	+4，-3	尺量检查
层高垂直度	层高不大于5 m	6	经纬仪或吊线、尺量检查
	层高大于5 m	8	经纬仪或吊线、尺量检查
相邻两板表面高低差		2	尺量检查
表面平整度		5	2 m靠尺和塞尺检查

在同一检验批内，对梁和柱，应抽查构件数量的10%，且不少于3件；对墙和板，应按有代表性的自然间抽查10%，且不少于3间。

(2)钢筋。

装配式混凝土结构中，后浇混凝土中连接钢筋、预埋件安装位置允许偏差及检验方法应符合表4-20的规定。

在同一检验批内，对梁和柱，应抽查构件数量的10%，且不少于3件；对墙和板，应按有代表性的自然间抽查10%,且不少于3间。

表4-20　连接钢筋、预埋件安装位置允许偏差及检验方法

项目		允许偏差/mm	检验方法
连接钢筋	中心线位置	5	尺量检查
	长度	±10	尺量检查
灌浆套筒	中心线位置	2	宜用专用定位模具整体检查
	长度	3,0	尺量检查
安装用预埋件	中心线位置	3	尺量检查
	水平偏差	3,0	尺量或塞尺检查
斜支撑预埋件	中心线位置	±10	尺量检查
普通预埋件	中心线位置	5	用尺量纵横两个方向偏差,并取其中最大值
	水平偏差	3,0	尺量或塞尺检查

(3)混凝土。

①主控项目。

a.装配式混凝土结构安装连接节点和连接接缝部位的后浇混凝土强度应符合设计要求。每工作班同一配合比的混凝土取样不得少于1次,每次取样至少留置1组标准养护试块,同条件养护试块的留置组数宜根据实际需要确定。通过检查施工记录及试件强度试验报告进行检验。

b.装配式混凝土结构后浇混凝土的外观质量不应有严重缺陷。对已经出现的严重缺陷,应由施工单位提出技术处理方案,并经监理(建设)单位认可后处理。对处理后的部位,应重新检查验收。

观察检查全部构件,并检查技术处理方案。

②一般项目。

装配式混凝土结构后浇混凝土的外观质量不宜有一般缺陷,对已经出现的一般缺陷,应由施工单位按技术处理方案处理,并重新检查验收。全数观察检查构件外观,检查技术处理方案。

(4)预制构件安装。

①主控项目。

a.对于工厂生产的预制构件,进场时应全数检查其质量证明文件和表面标识,预制构件的质量、标识应符合设计要求及现行国家相关标准的规定。

b.预制构件安装就位后,全数检查构件安装偏差尺寸,连接钢筋、套筒或浆锚的主要传力部位不应出现影响结构性能和构件安装施工的尺寸偏差。对已经出现的影响结构性能的尺寸偏差,应由施工单位提出技术处理方案,并经监理(建设)单位许可后处理,对处

理后的部位，应重新检查验收。

c. 预制构件安装完成后，观察外观，检查技术处理方案，外观质量不应有影响结构性能的缺陷，对已经出现的影响结构性能的缺陷，应由施工单位提出技术处理方案，并经监理（建设）单位认可后处理，经过处理的部位，应重新检查验收。

d. 预制构件与主体结构之间、预制构件与预制构件之间的钢筋接头应符合设计要求，施工前对接头施工进行工艺检验。

采用机械连接时，接头质量应符合《钢筋机械连接技术规程》（JGJ 107—2016）的要求；采用灌浆套筒时，接头抗拉强度及残余变形应符合《钢筋机械连接技术规程》（JGJ 107—2016）中Ⅰ级接头的要求；采用浆锚搭接连接钢筋时，浆锚搭接连接接头的工艺检验应按有关规范执行。

采用焊接连接时，接头质量应符合《钢筋焊接及验收规程》（JGJ 18—2012）的要求，检查焊接产生的焊接应力和温差是否造成预制构件出现影响结构性能的缺陷，对已经出现的缺陷，应处理合格后，再进行混凝土的浇筑。

e. 灌浆套筒进场时，应抽取套筒采用与之匹配的灌浆料制作对中连接接头，并做抗拉强度检验，检验结果应符合《钢筋机械连接技术规程》（JGJ 107—2016）中Ⅰ级接头对抗拉强度的要求。接头的抗拉强度不小于连接钢筋抗拉强度标准值，且破坏时应断于接头外钢筋处。同一原材料、同一炉（批）号、同类型、同一规格的灌浆套筒，检验批量不应大于1 000个，每批随机抽取3个灌浆套筒制作接头，并应制作不少于1组规格为40 mm×40 mm×160 mm的灌浆料强度试件。

灌浆套筒进场时，应抽取试件检验外观质量和尺寸偏差，检验结果应符合《钢筋连接用灌浆套筒》（JG/T 398—2019）的有关规定。同一原材料、同一炉（批）号、同类型、同一规格的灌浆套筒，检验批量不应大于1 000个，每批随机抽取10个灌浆套筒。

f. 灌浆料进场时，应对其拌和物30 min流动度、泌水率及1 d强度、28 d强度、3 h膨胀率进行检验，检验结果应符合《钢筋连接用套筒灌浆料》（JG/T 408—2019）和设计的有关规定。

施工现场灌浆施工中，灌浆料的28 d抗压强度应符合设计要求及《钢筋连接用套筒灌浆料》（JG/T 408—2019）的规定，用于检验强度的试件应在灌浆地点制作。每工作班取样不得少于1次，每楼层取样不得少于3次，每次抽取1组试件，每组3个试块，试块规格为40 mm×40 mm×160 mm，标准养护28 d后，做抗压强度试验。

g. 后浇连接部分的钢筋品种、级别、规格、数量和间距符合设计要求，预制构件外墙板与构件、配件的连接应牢固、可靠，连接节点的防腐、防锈、防火和防水构造措施应满足设计要求。

h. 承受内力的接头和拼缝，当其混凝土强度未达到设计要求时，不得吊装上一层结构构件；当设计无具体要求时，应在混凝土强度不小于10 MPa或具有足够的支撑时，方可吊装上一层结构构件。已安装完毕的装配式混凝土结构，应在混凝土强度达到设计要求后，方可承受全部荷载。

i. 装配式混凝土结构预制构件连接接缝处防水材料应符合设计要求，并具有合格证、厂家检测报告及进场复试报告。

②一般项目。

a. 预制构件外观不宜有一般缺陷。

b. 预制构件安装的尺寸允许偏差及检验方法应符合表 4-21 的要求，对于施工临时使用的预埋件中心线位置及后浇混凝土部位的预制构件尺寸偏差，可按表 4-21 中规定放大 1 倍执行。

表 4-21　预制构件安装尺寸允许偏差及检验方法

<table>
<tr><th colspan="3">项目</th><th>允许偏差/mm</th><th>检验方法</th></tr>
<tr><td rowspan="3">构件中心线对轴线位置</td><td colspan="2">基础</td><td>15</td><td rowspan="3">经纬仪及尺量</td></tr>
<tr><td colspan="2">竖向构件（柱、墙、桁架）</td><td>8</td></tr>
<tr><td colspan="2">水平构件（梁、板）</td><td>5</td></tr>
<tr><td>构件标高</td><td colspan="2">梁、柱、墙、板底面或顶面</td><td>±5</td><td>水准仪或拉线、尺量</td></tr>
<tr><td rowspan="2">构件垂直度</td><td rowspan="2">柱、墙</td><td>≤6 m</td><td>5</td><td rowspan="2">经纬仪或吊线、尺量</td></tr>
<tr><td>>6 m</td><td>10</td></tr>
<tr><td>构件倾斜度</td><td colspan="2">梁、桁架</td><td>5</td><td>经纬仪或吊线、尺量</td></tr>
<tr><td rowspan="5">相邻构件平整度</td><td colspan="2">板端面</td><td>5</td><td rowspan="5">2 m 靠尺和塞尺量测</td></tr>
<tr><td rowspan="2">梁、板底面</td><td>外露</td><td>3</td></tr>
<tr><td>不外露</td><td>5</td></tr>
<tr><td rowspan="2">柱、墙侧面</td><td>外露</td><td>5</td></tr>
<tr><td>不外露</td><td>8</td></tr>
<tr><td>构件搁置长度</td><td colspan="2">梁、板</td><td>±10</td><td>尺量</td></tr>
<tr><td>支座、支垫中心位置</td><td colspan="2">板、梁、柱、墙、桁架</td><td>10</td><td>尺量</td></tr>
<tr><td>墙板接缝</td><td colspan="2">宽度</td><td>±5</td><td>尺量</td></tr>
</table>

c. 装配式混凝土结构安装完毕后，预制构件安装尺寸允许偏差及检验数量：按楼层、结构缝或施工段划分检验批，在同一检验批内，对梁、柱，应抽查构件数量的 10%，且不少于 3 件；对墙和板，应按有代表性的自然间抽查 10%，且不少于 3 间；对大空间结构、墙，可按相邻轴线间高度 5 m 左右划分检查面，板可按纵、横轴线划分检查面，抽查 10%，且均不少于 3 面。

d. 装配式混凝土结构预制构件的防水节点构造做法应符合设计要求，建筑节能工程进场材料和设备的复验报告、项目复试要求，应按有关规范规定执行。

4）隐蔽工程验收

装配式混凝土结构工程应在安装施工及浇筑混凝土前完成下列隐蔽项目验收：

(1)预制构件与预制构件之间、预制构件与主体结构之间的连接。

(2)预制构件与后浇混凝土结构连接处混凝土粗糙面的质量或键槽的数量、位置。

(3)后浇混凝土中钢筋的牌号、规格、数量、位置。

(4)钢筋连接方式、接头位置、接头数量、接头面积百分率、搭接长度、锚固方式、锚固长度。

(5)结构预埋件、螺栓连接、预留专业管线的数量与位置。

构件安装完成后,在对预制混凝土构件拼缝进行封闭处理前,应对接缝的防水、防火等构造做法进行现场验收。

5)结构实体验收

根据《建筑工程施工质量验收统一标准》(GB 50300—2013)的规定,在混凝土结构子分部工程验收前应进行结构实体检验。对结构实体进行检验,并不是在子分部工程验收前的重新检验,而是在相应分项工程验收合格的基础上,对涉及结构安全的重要部位进行的验证性检验,其目的是强化混凝土结构的施工质量验收,真实反映结构混凝土强度、受力钢筋位置、结构位置与尺寸等质量指标,确保结构安全。

对于装配式混凝土结构工程,对涉及混凝土结构安全的有代表性的连接部位及进场的混凝土预制构件应做实体检验。结构实体检验分现浇和预制两部分,包括混凝土强度、钢筋直径、间距、混凝土保护层厚度及结构位置与尺寸偏差。当工程合同有约定时,可根据合同确定其他检验项目和相应的检验方法、检验数量、合格条件。

结构实体检验应由监理工程师组织并见证,混凝土强度、钢筋保护层厚度应由具有相应资质的检测机构完成,结构位置与尺寸偏差可由专业检测机构完成,也可由监理单位组织施工单位完成。为保证结构实体检验的可行性、代表性,施工单位应编制结构实体检验专项方案,并经监理单位审核批准后实施。结构实体混凝土同条件养护试件强度检验的方案应在施工前编制,其他检验方案应在检验前编制。

装配式混凝土结构位置与尺寸偏差检验同现浇混凝土结构;混凝土强度、钢筋保护层厚度的检验,后浇混凝土结构同现浇混凝土结构,不进行结构性能检验的预制构件部位同现浇混凝土结构,进行结构性能检验的预制构件部分可不进行。

混凝土强度检验宜采用同条件养护试块或钻芯取样方法,也可采用非破损方法。

当混凝土强度及钢筋直径、间距,混凝土保护层厚度不满足设计要求时,应委托具有资质的检测机构按现行国家有关标准的规定做检测鉴定。

3. 装配式混凝土结构子分部工程验收

1)装配式混凝土结构子分部工程质量验收合格标准

(1)预制混凝土构件安装及其他有关分项工程施工质量验收合格。

(2)质量控制资料完整,符合要求。

(3)观感质量验收合格。

(4)结构实体验收满足设计或标准要求。

2)验收程序

根据《建筑工程施工质量验收统一标准》(GB 50300—2013)的规定,混凝土分部工程验收由总监理工程师组织施工单位项目负责人和项目技术、质量负责人进行验收。当主体结构验收时,设计单位项目负责人,施工单位技术、质量部门负责人应参加,鉴于装配式结构工程采用时间不长,各地区应对验收程序提出更严格的要求,要求建设单位组织设计、施工、监理和预制构件生产企业共同验收并形成验收意见,对规范中未包含的验收内容,应组织专家论证验收。

3)验收时应提供的资料

(1)施工图设计文件。

(2)工程设计单位确认的预制构件深化设计图,设计变更文件。

(3)装配式混凝土结构工程所用各种材料、连接件及预制混凝土构件的产品合格证书、性能测试报告、进场验收记录和复试报告。

(4)装配式混凝土工程专项施工方案。

(5)预制构件安装施工验收记录。

(6)钢筋套筒灌浆或钢筋浆锚搭接连接的施工检验记录。

(7)隐蔽工程检查验收文件。

(8)后浇筑节点的混凝土、灌浆料、坐浆材料强度检测报告。

(9)外墙淋水试验、喷水试验记录,卫生间等有防水要求的房间蓄水试验记录。

(10)分项工程验收记录。

(11)装配式混凝土结构实体检验记录。

(12)工程的重大质量问题的处理方案和验收记录。

(13)其他质量保证资料。

4)验收不合格处理

(1)经返工、返修或更换构件、部件的检验批,应重新进行验收。

(2)经有资质的检测机构检测鉴定能够达到设计要求的检验批,应予以验收。

(3)经有资质的检测机构检测鉴定达不到设计要求,但经原设计单位核算并认为能够满足结构安全和使用功能的检验批,可予以验收。

(4)经返修或加固处理能够满足结构安全和使用功能的分项工程,可按技术处理方案和协商文件的要求予以验收。

4.9 评价反馈

学生进行自评,评价自己是否能完成装配式建筑构件生产过程、构件成品、构件安装施工过程、工程实体质量检验标准和检验方法的学习,是否能按时完成报告等实训成果资料,有无任务遗漏。老师对学生的评价内容包括:报告书写是否工整规范,报告内容数据是否正确、真实合理,阐述是否详细,认识体会是否深刻,实验结果分析是否合理,是否起到实训的作用。

(1)学生进行自我评价,并将结果填入表4-22学生自评表中。

表 4-22　学生自评表

班级：	姓名：	学号：	
学习情境 4	装配式建筑质量验收		
评价项目	评价标准	分值	得分
装配式建筑预制构件的生产过程质量验收	掌握构件生产过程中模板、钢筋、混凝土验收内容、标准、方法	10	
预制构件成品质量验收	掌握预制构件成品验收的主控项目、一般项目验收的内容、标准和方法，构件成品合格的标准	10	
预制构件进场验收	掌握预制构件进场验收程序、验收内容、质量标准	10	
预制混凝土构件安装施工过程质量检验	掌握施工过程使用的原材料质量检验和施工试验内容，施工工序的质量检验内容、标准和方法	10	
装配式混凝土结构子分部工程验收	掌握装配式混凝土结构子分部工程质量验收合格标准、验收程序、验收时应提供的资料、验收不合格处理方法	10	
工作态度	态度端正，无缺勤、迟到、早退现象	10	
工作质量	能按计划完成工作任务，质量较好	10	
协调能力	与小组成员、同学之间能合作交流，协调工作	10	
职业素质	能做到安全生产、文明施工，保护环境，爱护公共设施	10	
创新意识	能通过标准图集和规范、规程自主解决问题	10	
合计		100	

(2)学生以小组为单位，对以上学习情境的过程与结果进行互评，将互评结果填入表 4-23 学生互评表中。

表 4-23　学生互评表

学习情境 4		装配式建筑质量验收													
评价项目	分值	等级								评价对象(组别)					
										1	2	3	4	5	6
计划合理	8	优	8	良	7	中	6	差	4						
方案准确	8	优	8	良	7	中	6	差	4						
团队合作	8	优	8	良	7	中	6	差	4						
组织有序	8	优	8	良	7	中	6	差	4						
工作质量	8	优	8	良	7	中	6	差	4						
工作效率	8	优	8	良	7	中	6	差	4						
工作完整	10	优	10	良	8	中	6	差	5						
工作规范	16	优	16	良	13	中	10	差	8						
成果报告	16	优	16	良	13	中	10	差	8						
成果展示	10	优	10	良	8	中	6	差	5						
合计	100														

(3)教师对学生工作过程与工作结果进行评价,并将评价结果填入表 4-24 教师综合评价表中。

表 4-24　教师综合评价表

班级：	姓名：	学号：			
学习情境 4		装配式建筑质量验收			
评价项目		评价标准		分值	得分
考勤(10%)		不迟到、不早退、不旷课		10	
工作过程(60%)	装配式建筑预制构件的生产过程质量验收	能理解构件生产厂家质量责任，构件生产厂家的基本条件和要求，掌握预制构件生产的模具、钢筋、混凝土质量验收一般规定、主控项目、一般项目内容		8	
	预制构件成品质量验收	理解预制构件成品验收的一般规定，主控项目、一般项目的内容，构件成品验收合格标准，能对构件成品进行验收，并判断构件是否合格		8	
	预制构件进场验收	理解预制构件成品验收的一般规定、主控项目、一般项目的内容，构件成品验收合格标准，能对构件成品进行验收并判读构件是否合格		8	
	预制混凝土构件安装施工过程质量检验	理解预制混凝土构件进场验收程序、验收内容、质量标准和验收方法，能对构件安装过程质量进行验收，判断构件安装质量是否合格		8	
	装配式混凝土结构子分部工程验收	理解装配式混凝土结构子分部工程质量验收合格标准、验收程序，并能对装配式混凝土结构子分部工程质量进行验收并判断质量是否合格		8	
	工作态度	态度端正，工作认真主动		10	
	协调能力	与小组成员、同学之间能合作交流，协调工作		5	
	职业素质	能做到安全生产、文明施工，保护环境，爱护公共设施		5	
项目成果(30%)	工作完整	能按时完成任务		5	
	工作规范	能按要求步骤完成实训报告		10	
	实训报告	能正确应用质量验收标准、程序和方法进行质量验收并完成实训报告		10	
	成果展示	成果报告规范清晰整洁		5	
合计				100	
综合评价		自评(20%)	小组互评(30%)	教师评价(50%)	综合得分

参考文献

[1] 中华人民共和国住房和城乡建设部. 装配式混凝土结构技术规程:JGJ 1—2014[S]. 北京:中国建筑工业出版社,2014.

[2] 中华人民共和国住房和城乡建设部. 装配式混凝土建筑技术标准:GB/T 51231—2016[S]. 北京:中国建筑工业出版社,2016.

[3] 中华人民共和国住房和城乡建设部. 钢筋套筒灌浆连接应用技术规程:JGJ 355—2015[S]. 北京:中国建筑工业出版社,2015.

[4] 中华人民共和国住房和城乡建设部. 装配式环筋扣合锚接混凝土剪力墙结构技术标准:JGJ/T 430—2018[S]. 北京:中国建筑工业出版社,2018.

[5] 中华人民共和国住房和城乡建设部. 钢筋连接用灌浆套筒:JG/T 398—2019[S]. 北京:中国标准出版社,2019.

[6] 中华人民共和国住房和城乡建设部. 钢筋连接用套筒灌浆料:JG/T 408—2019[S]. 北京:中国标准出版社,2019.

[7] 中华人民共和国住房和城乡建设部. 装配式混凝土结构表示方法及示例(剪力墙结构):15G107-1[S]. 北京:中国计划出版社,2015.

[8] 中华人民共和国住房和城乡建设部. 装配式混凝土结构连接节点构造(2015 年合订本):G310-1~2[S]. 北京:中国计划出版社,2015.

[9] 中华人民共和国住房和城乡建设部. 预制混凝土剪力墙外墙板:15G365-1[S]. 北京:中国计划出版社,2015.

[10] 中华人民共和国住房和城乡建设部. 预制混凝土剪力墙内墙板:15G365-2[S]. 北京:中国计划出版社,2015.

[11] 中华人民共和国住房和城乡建设部. 桁架钢筋混凝土叠合板(60 mm 厚底板):15G366-1[S]. 北京:中国计划出版社,2015.

[12] 中华人民共和国住房和城乡建设部. 预制钢筋混凝土板式楼梯:15G367-1[S]. 北京:中国计划出版社,2015.

[13] 中华人民共和国住房和城乡建设部. 预制钢筋混凝土阳台板、空调板及女儿墙:15G368-1[S]. 北京:中国计划出版社,2015.

[14] 中华人民共和国住房和城乡建设部. 装配式混凝土结构住宅建筑设计示例(剪力墙结构):15J939-1[S]. 北京:中国计划出版社,2015.

[15] 肖凯成,杨波,杨建林. 装配式混凝土建筑施工技术[M]. 北京:化学工业出版社,2019.
[16] 宫海. 装配式混凝土建筑施工技术[M]. 北京:中国建筑工业出版社,2020.
[17] 蔡跃. 职业教育活页式教材开发指导手册[M]. 上海:华东师范大学出版社,2020.